PRÁTICA DAS PEQUENAS CONSTRUÇÕES

Blucher

ALBERTO DE CAMPOS BORGES
Engenheiro
Professor Titular de Topografia e Fotometria da Universidade Mackenzie.
Ex-Professor Titular de Construções Civis da Universidade Presbiteriana Mackenzie.
Professor Pleno de Topografia na Escola de Engenharia Mauá.
Professor Pleno de Construção de Edifícios na Escola de Engenharia Mauá.
Professor Titular de Topografia da Faculdade de Engenharia da Fundação Armando Álvares Penteado.

PRÁTICA DAS PEQUENAS CONSTRUÇÕES

Volume 2
6ª edição revista e ampliada

REVISORES

JOSÉ SIMÃO NETO
Engenheiro Civil, formado pela Escola de Engenharia da Universidade Presbiteriana Mackenzie.
Atua na iniciativa privada, na área de Gerenciamento de Projetos e Obras de Construção Civil.

WALTER COSTA FILHO
Engenheiro Civil, formado pela Escola de Engenharia da Universidade Presbiteriana Mackenzie.
Atua na iniciativa privada, na área de Gerenciamento de Projetos e Obras de Construção Civil.

Prática das pequenas construções

6ª edição - 2010
6ª reimpressão - 2019
Editora Edgard Blücher Ltda.

Revisão e atualização da 5ª edição por
Eng. Antonio Carlos da Fonseca Bragança Pinheiro

Blucher

Rua Pedroso Alvarenga, 1245, 4º andar
04531-934 - São Paulo - SP - Brasil
Tel.: 55 11 3078-5366
contato@blucher.com.br
www.blucher.com.br

Segundo o Novo Acordo Ortográfico, conforme 5. ed.
do *Vocabulário Ortográfico da Língua Portuguesa*,
Academia Brasileira de Letras, março de 2009.

FICHA CATALOGRÁFICA

Borges, Alberto de Campos
Prática das pequenas construções, volume 2 / Alberto de Campos Borges, revisão José Simão Neto, Walter Costa Filho - 6ª ed. rev. e ampl. - São Paulo: Blucher, 2010.

ISBN 978-85-212-0482-4

1. Construções I. Simão Neto, José II. Costa Filho, Walter III. Título.

09-00703 CDD-690

Índices para catálogo sistemático:
1. Construções: Indústria 690
2. Indústria da construção 690

Apresentação

Como profissional ativo no ramo das construções e professor em faculdades de engenharia, em inúmeras ocasiões senti a falta de uma publicação em bases práticas e despretensiosas sobre a execução de pequenas construções. O assunto em si não atrai autores; primeiro, porque todo livro abordando o tema terá reduzido valor científico; segundo, porque deverá ser editado rapidamente, pois as variações e progressos nos materiais de construção e seus empregos são constantes e rápidos, fazendo com que uma publicação se torne, em pouco tempo, de valor prático reduzido; haverá, pois, necessidade de permanentes revisões para atualizá-la.

Apesar de tais fatores, não desisti do trabalho, porque, a meu ver, existem outros aspectos que tornam indispensável uma publicação desse tipo. O estudo de engenharia é composto de diversas disciplinas, abordando os vários ramos da profissão, porém, todos os que frequentam, ou frequentaram uma escola, sabem que é muito difícil estabelecer a necessária ligação entre conceitos teóricos e suas aplicações práticas. Esta exige exercício da profissão para que seja dominada. Tomemos o exemplo duma tesoura para telhado; nas cadeiras de Grafo-Estática, Resistência dos Materiais e Estruturas de Madeira, aprende-se muito bem o seu cálculo; porém, ao levarmos o problema para a aplicação real, verificamos que as peças de madeira são vendidas em bitolas comuns, chamadas comerciais, a preços inferiores àqueles de outras bitolas especiais, isto é, cortadas sob encomenda; por isso, muitas vezes, uma viga de peroba de 6×16 cm tem preço inferior a uma de 6×15 cm; tal fato deverá ser conhecido pelo calculista da tesoura, pois haverá dupla vantagem no emprego da peça 6×16 cm (apesar de o cálculo indicar como suficiente a peça menor): maior resistência e menor preço. Esse simples exemplo poderá ser multiplicado para outros inúmeros setores; para executarmos uma obra, devemos saber que madeiramento de telhado não se faz com pinho e, sim, peroba; que peroba não se usa para folhas de portas e que, no entanto, usa-se para os batentes dessas portas; que argamassa para assentamento de azulejos é mista de cal, cimento e areia; que a melhor areia para o concreto é a grossa e lavada; para argamassa de assentamento de tijolos, a melhor é a areia média levemente argilosa; que devemos deixar os azulejos submersos em água, de véspera, para melhor aderência da argamassa etc.

O desconhecimento desses fatos faz com que o engenheiro recém-formado tropece em coisas simples, apesar de sólidos conhecimentos teóricos. Neste trabalho, procurarei abordar exatamente a ligação entre a teoria e a prática no ramo das edificações, e de preferência nas pequenas obras, exatamente aquelas em que mais se nota a falta desses conhecimentos. Uma parte dos recém-formados procurará colocação em empresas particulares ou empregos públicos, onde encontrarão colegas mais experientes que os guiarão nas primeiras atividades, adquirindo, assim, a necessária prática, sem aborrecimentos. Porém, aqueles que procuram trabalhar por sua própria conta e risco, geralmente iniciam executando pequenas obras, principalmente residências. É para esses que o livro foi escrito.

A obra compreende pelo menos dois volumes, havendo a possibilidade de um terceiro. No primeiro volume, abordei exclusivamente o serviço de obra propriamente dito. Os assuntos foram tratados na ordem em que executados, servindo assim a seriação dos capítulos como indicação do andamento da obra; fiz apenas exceção nos capítulos de hidráulica e eletricidade, que deixei propositadamente para o final, já que seus trabalhos são executados em fases, não se encaixando inteiramente em nenhuma época do andamento e, sim, um pouco em todas.

O primeiro volume está já na 9ª edição, totalmente revisto e atualizado, pois, da data de sua publicação inicial (1957), diversas modificações apareceram no ramo.

O segundo volume, que agora sai em 6ª edição, trata das atividades no escritório, correspondentes aos serviços de obra. Os principais temas deste volume são:

1. Contratos entre engenheiros e clientes; obras por administração ou por empreitada; discussão das vantagens e desvantagens de cada modalidade de contrato; exemplos e modelos de contratos. Memoriais descritivos.
2. Contratos entre clientes e mão de obra ou entre engenheiros e mão de obra (empreiteiros); contratos com encanadores, pintores, eletricistas, pedreiros etc.
3. Processo comercial de cobrança para com os clientes; emissão de faturas; notas, faturas e duplicatas dos fornecedores e de mão de obra.
4. Cálculo de quantidade de materiais para efeito de compra e para orçamento; orçamentos aproximados e definitivos. Exemplo completo para o orçamento de um sobrado residencial com cerca de 350 m^2 com planta, memorial descritivo, cálculos de quantidades e preços.

Neste segundo volume, todas as explicações estão acompanhadas de fartos exemplos e modelos.

Desejo aproveitar a oportunidade para agradecer a aceitação do trabalho, por estudantes e colegas, provada pela rapidez com que se esgotaram as primeiras edições.

Terminando, reafirmo não ter qualquer pretensão científica neste trabalho, mas, sim, seu uso prático. Escrevi em linguagem simples, que é a única que conheço. Espero ter feito alguma coisa de útil.

A construção civil, um dos mais expressivos setores da economia brasileira, está em permanente evolução diante do desafio de vencer prazos e reduzir custos com atualização tecnológica, ganhos de produtividade, uso adequado de mão de obra e qualidade, como fatores de diferenciação. Cada vez mais, o setor busca a industrialização e conscientização da importância do custo global dentro das etapas do processo evolutivo.

Alguns exemplos dessa modernização são os andaimes metálicos tubulares Rohr e os produtos de aço com tecnologia avançada da Gerdau. Essas empresas mantêm programas de informação tecnológica mediante os semanários e publicações que orientam os novos usuários.

Também, na Informática, hoje, os novos engenheiros têm enormes ferramentas que facilitam e agilizam as informações e métodos de execução de orçamentos e controles, tendo, na maior parte das vezes, planilhas, formulários e mesmo programas especializados em cada etapa do empreendimento, desde cotação, elaboração de orçamentos e acompanhamento dos mesmos.

Faremos, no desenvolvimento deste volume, uma breve apresentação das utilizações da Informática, que, entretanto, poderão ser aprendidas em publicações especializadas.

Agradeço às pessoas e empresas que ajudaram nesta obra com catálogos, ilustrações e especificações de materiais. Agradeço, ainda, às manifestações de apoio recebidas pessoalmente ou por correspondência de diversas partes do País e do exterior.

Alberto de Campos Borges

autor

Plantas que acompanham o volume 2

No endereço abaixo estão disponíveis as 12 plantas de construção

www.blucher.com.br/praticas2

Planta 1 – Planta de prefeitura
Planta 2 – Planta baixa – corpo principal
Planta 3 – Planta baixa – edícula
Planta 4 – Fachada – alternativa
Planta 5 – Planta de telhado – plantas e detalhes
Planta 6 – Detalhes de esquadrias de ferro
Planta 7 – Detalhes de esquadrias de madeira
Planta 8 – Projeto – casas populares
Planta 9 – Projeto – casas populares
Planta 10 – Projeto – casa de categoria média
Planta 11 – Planta baixa – casa de categoria média
Planta 12 – Projeto – casa de campo

A título de informação, colocamos nas páginas 129 a 140, as 12 plantas em tamanho reduzido e, caso o leitor necessite das plantas em tamanho natural, os arquivos disponíveis no site <www.blucher.com.br/praticas2> servirão para esse propósito.

Conteúdo

Contrato entre engenheiro e cliente

Quando um cliente recorre a um engenheiro para a execução de uma determinada obra, estabelece-se automaticamente um contrato entre ambos. Mesmo na ausência de documentos, podemos dizer que existe um contrato, neste caso, verbal.

A experiência mostra que as incertezas da época trazem a necessidade de uma troca de documentos, evitando acidentes e incidentes durante o tempo, relativamente longo, de vigência do contato; de fato, não podemos comparar o tempo de duração de uma obra com o de um simples conserto de uma torneira; para obras de certa duração, o contrato evitará uma longa série de dúvidas, de diferenças de interpretação e também de incidentes (inclusive no caso de falecimento de uma das partes). Por isso, quando um engenheiro exige de um cliente a assinatura de um contrato, não está demonstrando desconfiança de sua pessoa, mas, sim, agindo com prudência.

Qualquer contrato é, basicamente, composto dos seguintes itens:

a. indicação e descrição das partes contratantes;

b. obrigações (deveres) e direitos de cada uma das partes contratantes;

c. indicação de valor do contrato, multa para a parte que não respeitá-lo, sede, data e assinatura.

MODALIDADES DE CONTRATO

De maneira geral, podemos dizer que existem apenas dois tipos de contrato:

a. por administração;
b. por empreitada;
c. preço-alvo.

Na prática, esses, os três primeiros tipos básicos, poderão ser combinados, surgindo um quarto tipo de contrato:

d. o misto.

No contrato por administração, o engenheiro só negociará a sua atividade profissional; dessa forma, não assumirá responsabilidade por quantidades e preços de materiais e mão de obra empregados na construção.

No contrato por empreitada, a responsabilidade do engenheiro será total sobre os custos envolvidos. O profissional deverá entregar a obra pronta, a troco de uma importância total previamente combinada.

O contrato misto fica num ponto intermediário entre as modalidades anteriores, isto é, serão estipuladas condições em que o preço global poderá ser alterado: aumento ou diminuição do preço dos materiais, criação de novas imposições legais que onerem o trabalho (aumento de salário-mínimo etc.). O contrato misto é variável, podendo aproximar-se mais do tipo por administração ou por empreitada, conforme se aumente ou diminua a responsabilidade econômica do engenheiro. Mais adiante, com exemplos, poderemos esclarecer melhor.

No contrato com preço-alvo, o engenheiro fixa o valor máximo do custo da obra (como em um contrato por empreitada), entretanto fixa um prêmio para o caso de conseguir atingir um valor menor que o preço preestabelecido (alvo). Esse valor geralmente é definido como 50% da economia obtida.

Cada um dos modelos poderá sofrer pequenas variações, dependendo de acordo entre as partes.

Contrato por administração

Suas características principais são:

1. O engenheiro será remunerado com uma porcentagem sobre a despesa total da obra.
2. O proprietário custeará todas as despesas, no valor da época em que feitas.
3. O orçamento prévio, feito pelo engenheiro, terá apenas valor informativo, não constituindo termo de responsabilidade sobre qualquer dos itens: quantidade e custo unitário de materiais e custo de mão de obra. Portanto, orçamentos apresentados por dois ou mais engenheiros não servem para estabelecer concorrência, já que nada significa a apresentação de um custo total inferior.

A seguir, um exemplo típico de contrato por administração.

CONTRATO de serviços profissionais que fazem:

Eng. **Alberto de Campos Borges**, Crea: 3.888, registro na Prefeitura: 974-D, com escritório à Rua Quirino de Andrade, 219, conjunto 41, neste contrato chamado apenas "engenheiro", e Sr. **Antônio Queirós**, brasileiro, cédula de identidade RG nº 427.343 SSP/SP, residente e domiciliado à Rua Nacional, 421, nesta capital, neste contrato chamado apenas "proprietário".

Para construção de prédio residencial em terreno situado à Rua Bismuto, sem número, lote 43 da quadra 12, do loteamento de Vila Bonifácio, nesta capital.

1. O engenheiro se obriga a elaborar as peças gráficas necessárias para construção: planta para aprovação pela Prefeitura, planta executiva ou de obra, com os detalhes necessários para a construção. Estão excluídos os cálculos e desenhos da estrutura de concreto armado, que serão executados por profissional especializado e remunerado pelo proprietário.
2. O engenheiro se obriga a acompanhar os processos de aprovação e de "habite-se", até suas completas soluções pela Prefeitura.
3. O engenheiro assume todas as responsabilidades técnicas pela obra sob sua orientação, perante a Prefeitura, o Conselho Regional de Engenharia, Arquitetura e Agronomia e demais órgãos oficiais em que se fizerem necessárias.
4. O engenheiro se obriga a orientar, fiscalizar e administrar a obra, de forma que obedeça a todas as boas normas vigentes, fazendo respeitar os projetos elaborados em todos os seus detalhes, até a sua total conclusão, que se dará com o "habite-se".
5. O engenheiro obriga-se a apresentar propostas de, pelo menos, três empresas fornecedoras, para que o proprietário possa escolher aquela que mais vantagens oferecer. O mesmo deverá ser feito para as empreitadas das diversas mãos de obra necessárias: pedreiro, encanador, eletricista, pintor, limpador etc.; esse sistema será dispensado sempre que se tratar de compras ou contratos de empreiteiros, de valores inferiores a R$ 1.000,00 (mil reais).
6. O engenheiro se obriga a calcular a quantidade de cada material a ser adquirido, bem como a elaborar os modelos de contrato a serem empresados pelo proprietário com os diversos empreiteiros.
7. Caso o proprietário queira manter operários por sua conta, trabalhando por hora, não caberá ao engenheiro qualquer responsabilidade perante as leis trabalhistas em geral, já que tais operários são contratados do proprietário, sem qualquer responsabilidade do engenheiro. No caso de as diversas mãos de obra serem entregues por empreitada, caberá ao empreiteiro a responsabilidade total perante as leis trabalhistas, não tendo, quer o engenheiro, quer o proprietário, qualquer obrigação perante o INSS (que inclui o seguro contra acidentes), o Sesi, e o Ministério do Trabalho.
8. O proprietário se obriga a manter, por sua conta, um "guarda de obra", para zelar pelos materiais.
9. O proprietário tem o direito de examinar a obra, em dia e hora que achar conveniente, para verificar o fiel cumprimento deste contrato. Qualquer irregularidade encontrada deverá ser imediatamente comunicada ao engenheiro, para que este a regularize. Não poderá o proprietário dar ordens diretas aos operários, sob pena de retirada da responsabilidade do engenheiro. Nesse caso, o proprietário deverá pagar ao engenheiro a multa estipulada na cláusula 12.
10. Ao proprietário caberá o pagamento de todas as despesas da obra, tais como:
    a. todos os materiais a serem empregados, inclusive aqueles de uso provisório, como o madeiramento para as formas de concreto;
    b. todas as mãos de obra, quer sejam empreitadas ou trabalhadas por hora;
    c. ligações e consumo de água, luz etc.;
    d. cópias heliográficas dos desenhos elaborados pelo engenheiro e pelo calculista de concreto e outros relacionados com a obra;
    e. cálculo de concreto armado, a ser elaborado por empresa especializada;
    f. taxas e impostos que recaírem diretamente sobre a obra, tais como: emolumentos de aprovação pela Prefeitura, ISS (Imposto Sobre Serviços), taxas de ligação de água, luz, gás etc.

11. O proprietário se obriga a pagar ao engenheiro, a título de honorários profissionais, a importância correspondente a 15% (quinze por cento) sobre o total das despesas previstas no item 10 (dez) deste contrato. Esse pagamento será parcelado durante as obras. Caberá ao engenheiro a apresentação da fatura mensal entre os dias 25 e 30, correspondente a 15% (quinze por cento) das despesas efetuadas durante o mês em curso. O proprietário deverá efetuar o pagamento até 5 (cinco) dias após a apresentação da fatura, desde que esta se encontre correta.
12. Fica estipulada a multa de R$10.000,00 (dez mil reais) para a parte que desistir deste contrato ou infringir qualquer dos seus parágrafos.
13. Dá-se a este contrato o valor provisório de R$ 40.000,00 (quarenta mil reais).
14. No caso de dúvida a respeito de qualquer.dos parágrafos deste contrato, esta será resolvida por Conselho Arbitral, devendo cada uma das partes nomear perito de sua confiança para solucionar o impasse. No caso de ainda persistir a dúvida, desde já se escolhe o Fórum desta capital como competente para julgamento.

Por estarem de acordo com as cláusulas deste contrato, assinam: proprietário e engenheiro e duas testemunhas.

Data ....

Proprietário ....

Engenheiro ....

Testemunhas

....

....

Esse contrato poderá sofrer pequenas variações no seu conteúdo, dependendo, é claro, dos entendimentos entre as partes. No entanto, é um modelo que estabelece condições usuais em nosso ambiente.

Os itens do contrato que poderão sofrer modificações são:

Cláusula 5

Poderá ser dispensada a apresentação da concorrência para compra de material e contrato de empreiteiro, desde que o proprietário queira se encarregar isoladamente de tal tarefa, ou ainda por considerar tal norma desnecessária, ou por confiar integralmente na escolha do engenheiro.

Cláusula 7

O engenheiro poderá se encarregar do controle dos operários que trabalham por hora por conta do proprietário, desde que este o remunere para tal; esta remuneração poderá ser um acréscimo à porcentagem da administração (15% + 3%).

Cláusula 10, letras *d* e *e*

Tais despesas poderão correr por conta do engenheiro, dependendo de entendimento prévio. Não é, no entanto, o mais usual, já que se entende que a taxa de administração do engenheiro deverá ser livre de despesas, salvo aquelas que não recaiam diretamente sobre a obra: despesas gerais de escritório, impostos municipais, estaduais ou federais que recaiam diretamente sobre o engenheiro, tais como imposto sobre prestação de serviço, sobre a renda etc.

Reservamos comentários mais amplos para o final do capítulo, quando já tivermos exposto os sistemas por empreitada e misto.

Contrato por empreitada

No sentido absoluto da palavra, entende-se por contrato de empreitada aquele em que o engenheiro se obriga a construir determinada obra por um preço também determinado; só poderá haver alteração do preço desde que haja alteração no serviço a ser executado e com entendimentos prévios entre as partes. Por isso, conclui-se que são partes importantes, de um contrato por empreitada, as plantas e o memorial descritivo, pois descrevem satisfatoriamente o que vai ser construído. Não se pode fixar um preço para a execução de um objeto indeterminado; por isso, no sistema de administração, essas peças são anexadas ao contrato apenas para completá-lo, enquanto que na empreitada são as peças principais.

Nessa modalidade de contrato, portanto, além da indicação das partes, as obrigações e deveres de cada uma, as importâncias a serem pagas e a forma parcelada do pagamento juntam-se às plantas e ao memorial descritivo completo. Esse memorial deve descrever todo e qualquer detalhe, por menos importante que possa parecer. Se vamos descrever uma porta, deveremos citar suas medidas por completo: espessura e largura dos batentes; largura e espessura das guarnições; altura, largura e espessura da folha; e também a madeira a ser empregada. Ao descrever a ferragem, dessa porta, deveremos citar marca, tipo e número de fábrica da fechadura; dimensões e tipo das dobradiças; se estas serão niqueladas ou de ferro polido; se os parafusos serão de cabeça, niquelada ou não etc.

Podemos compreender a necessidade de tantas minúcias porque, se orçamos essa esquadria, com um determinado material, caso utilizemos uma mercadoria mais cara, seremos lesados, e, no caso de utilizarmos uma mercadoria inferior, estaremos lesando o cliente. Podemos pensar que uma certa e pequena porcentagem (2% a 5%), incluída no orçamento, poderia suprir essas pequenas variações; é engano, porque o número e variedade de materiais a serem empregados serão tão grandes que sua variação de custo pode ultrapassar, e muito, qualquer expectativa.

Deixamos de citar aqui um exemplo completo de contrato por empreitada, porque, em capítulos posteriores, teremos oportunidade de abordá-lo em um caso concreto.

Após a exposição do contrato misto, faremos uma comparação entre contratos por empreitada e administração.

Contrato a preço-alvo

Nesta modalidade, os procedimentos são os mesmos que no Contrato por empreitada, todos os cuidados e procedimentos são idênticos, entretanto, após a definição do custo da obra, as partes acordam um prêmio para o engenheiro, caso consiga uma economia no custo total da obra.

Geralmente, o prêmio é 50% do valor da economia, sendo assim as duas partes se beneficiam do esforço de contratação.

Esta modalidade é interessante, pois, em uma obra por empreitada, na elaboração do orçamento, o engenheiro geralmente é conservador nos custos, pois, após combinado o preço, o valor da construção passa a ser responsabilidade do contratado. Com esta modalidade, o engenheiro pode ter essa atitude conservadora, entretanto, caso consiga custos menores na época da contratação, repassará parte desse desconto ao cliente.

Esta modalidade está em plena evolução, sendo muito usada, pois reflete uma boa vontade de atingir o melhor resultado financeiro do empreendimento sem repassar ao cliente os eventuais atemores do mercado.

Contrato misto

Desde que não se atenha aos dois tipos de contratos já expostos, entraremos no sistema misto. Isso se dará quando o profissional se responsabilizar parcialmente pelo custo de determinado setor da obra. Os exemplos mais comuns do sistema misto ocorrem quando o engenheiro se compromete a construir por um preço fixo, desde que:

a. os salários dos operários não sofram aumentos durante os trabalhos;
b. os preços dos materiais também não sofram variações; neste caso, também será feito reajuste; isso quer dizer que a responsabilidade assumida é apenas com a quantidade de material e não com o custo.

Poderá haver também sistema misto quando o próprio engenheiro se torna um empreiterio da mão de obra, cabendo ao cliente o risco de variação de preços apenas do material, já que os trabalhos são contratados por preço fixo. O sistema misto é o mais frequente em obras públicas, quase que o único possível.

Comparação entre contratos por administração e por empreitada

Queremos deixar claro que, nesta comparação, será exposto o ponto de vista de um engenheiro que vem trabalhando com tipos de obras relativamente restritos, das quais tira sua experiência particular. De fato, esse engenheiro tem trabalhado quase sempre em obras relativamente pequenas, para particulares, nunca para departamentos estatais.

Reconhecemos que um cliente deve pagar por uma obra o seu justo preço. Este preço será a somatória das despesas com materiais e mão de obra, mais a remuneração do profissional ou de profissionais liberais que dela participarem.

Esse objetivo será conseguido em duas condições:

a. Nos trabalhos por administração, quando o profissional for correto e capaz.

b. Nos trabalhos por empreitada, quando o orçamento for exato.

Vemos, pois, que, nos dois sistemas, devem existir condições para que o cliente termine despendendo a quantia estipulada.

Se na administração da obra o profissional, deliberadamente ou não, desperdiçar material ou mão de obra, quem pagará pelo desperdício será o cliente. No contrato por empreitada, se houver um orçamento falho, sairá perdendo o cliente se o cálculo for exagerado, e sairá prejudicado o engenheiro se o calculado foi insuficiente; a prática mostra que esta segunda hipótese é a que mais acontece. Podemos aempresar, sem receio de grande erro, que, em empreitadas para particulares, o engenheiro ganha menos do que deveria ganhar; mas ganhará pelo menos uma coisa: experiência para não mais aceitar obras por empreitadas. Pode-se então perguntar: se assim ocorre, como ainda existem profissionais que aceitam empreitadas? Ora, sempre haverá aqueles que ainda não têm experiência.

Somos partidários do sistema de construção por administração e adiante explicaremos a razão. Para conjecturar, citaremos os argumentos geralmente apontados pelos clientes contra esse sistema:

Argumento 1

O cliente não saberá, de início, qual a importância total que virá a despender até o término da construção. Dessa forma, poderá o custo da obra ultrapassar sua verba disponível, colocando-o em dificuldades.

Comentário: Não há dúvida de que o inconveniente é real; no contrato por administração, o engenheiro, apesar de elaborar um orçamento para a construção, não assume responsabilidade sobre o total calculado, mas apenas um compromisso moral e profissional. Se o custo previsto for ultrapassado sem motivos justificados, o engenheiro será visto como incompetente no item orçamento, mas não será obrigado a cobrir a diferença. Por essa razão, o cliente é que será obrigado a despender soma maior do que a prevista. Poderá acontecer que o cliente não disponha, nem possa arranjar numerário para cobrir esse acréscimo e a obra permanecerá inacabada, até que seja possível resolver o dilema. Inconveniente grave, pois muito capital já foi empatado na obra, e esta, por não estar terminada, não poderá ser usada.

É preciso, porém, analisarmos por que um orçamento "estoura", isto é, por que é ultrapassado no seu total. Sabemos que o orçamento é composto de:

a. cálculo de quantidades;

b. escolha de preços unitários.

A quantidade de um determinado material, multiplicada pelo seu preço unitário, será a despesa com esse material. A somatória dessas despesas dará o total orçado. Portanto, se o total não coincidiu, é porque houve erro no cálculo das quantidades ou nos preços unitários escolhidos.

Dentro de certo limite, podemos dizer que o engenheiro poderá ser responsabilizado por um cálculo errado das quantidades, mas nunca pela oscilação de preço no mercado. A realidade mostra que dificilmente há engano no cálculo das quantidades. Onde aparece maior variação é no preço unitário dos materiais. Não se pode, portanto, responsabilizar o engenheiro por essas variações. Claro que o proprietário deverá pagar, pois irá usufruir do objeto construído. Ademais, se os preços subiram durante a construção, o cliente estará na posse de um imóvel valorizado, na mesma proporção do aumento.

Devemos lembrar, também, que as indústrias sentem dificuldades em estabelecer um preço exato de custo de seus produtos, mesmo aquelas com grande organização e que calculam o custo de um produto pronto. Por que devemos, pois, esperar que o engenheiro, com pequeno número de funcionários em sua organização, produza um objeto muito mais complexo, calcule com exatidão o custo de uma coisa ainda a ser feita? Parece-nos que só esses fatos justificam as variações que possam surgir num orçamento.

O que resolve esse inconveniente é o cliente ter sempre uma margem disponível de 10% a 20% acima do cálculo previsto. Se possui à disposição R$ 200.000,00 (duzentos mil reais), que peça um projeto para cerca de R$ 160.000,00 (cento e sessenta mil reais). Dessa forma, estará seguro de que a obra não ficará inacabada por falta de verba.

Argumento 2

O cliente terá excessivo trabalho e preocupação, pois caberá a ele a compra, verificação e pagamento dos materiais e, ainda, a contratação, controle e pagamento das diversas mãos de obra.

Comentário: Aempresamos, de início, que o cliente terá trabalho e preocupação na razão direta da desconfiança sobre o profissional. Mesmo no sistema de construção por administração, o cliente poderá estar isento de qualquer trabalho ou preocupação; bastará, para isso, confiar inteiramente no profissional. Essa confiança não significa nada de excepcional; esse mesmo cliente, completamente anestesiado, expõe sua vida numa mesa de operação a um cirurgião; por que não confiar também no engenheiro, ainda mais tratando-se de coisa menos importante, já que se trata apenas de um bem material?

Havendo essa confiança, o escritório de engenharia poderá se encarregar de todos os serviços de:

a. Escolha dos fornecedores e dos empreiteiros, mediante concorrência.

b. Fiscalização da remessa do material para a obra.

c. Pagamentos em geral, quer sejam a empreiteiros, quer sejam de duplicatas em banco ou em carteira.

Assim, a única obrigação que continuará pertencendo ao cliente será o fornecimento da verba.

Para os pagamentos, o engenheiro solicita ao cliente a importância necessária para as despesas do mês, deixando, em garantia, um recibo provisório. Após efetuar os pagamentos, trocará seu recibo provisório por aqueles dos fornecedores e dos empreiteiros.

Quanto à escolha dos fornecedores, dependerá da obtenção de propostas que, comparadas, determinem a mais vantajosa. Tais documentos poderão ficar arquivados para serem exibidos ao cliente, quando este o desejar.

Por tudo isso, podemos concluir que trabalho e aborrecimento da parte do cliente só existirão se este não quiser ou não puder confiar no profissional; ora, se essa confiança não existir, também no contrato por empreitada, o cliente terá os mesmos trabalhos e aborrecimentos; talvez maiores.

Argumento 3

O engenheiro poderá, deliberadamente, encarecer a obra para receber maiores honorários, já que estes são calculados por porcentagens sobre o custo da construção.

Comentário: Um simples cálculo colocará por terra essa objeção. Considerando a porcentagem de administração como de 10%, será necessário, por exemplo, encarecer a obra em R$ 10.000,00, para que o engenheiro receba mais R$ 1.000,00. Ora, acredito que nenhum profissional fará tal coisa: obrigar um cliente a despender mais R$ 10.000,00 para ganhar apenas R$ 1.000,00. Para o desonesto, existem formas mais lucrativas e inteligentes.

Argumento 4

O engenheiro, por desleixo ou incapacidade, poderá permitir desperdícios de material e mão de obra, encarecendo os trabalhos, já que não responderá financeiramente pelos prejuízos.

Comentário: Essa objeção é a mais concreta e a que mais frequentemente ocorre. Podemos afirmar que, em toda e qualquer obra, sempre existirá desperdício. Os bons profissionais procuram reduzi-lo ao mínimo. A forma certa de o cliente livrar-se desse inconveniente é proceder a uma boa escolha, e ele terá possibilidades para tal. O profissional tem um passado; que cada cliente procure conhecê-lo, antes de entregar em suas mãos tal responsabilidade.

Argumento 5

O engenheiro, desonestamente, poderá receber comissões pelos materiais comprados ou pelos contratos de mão de obra, aumentando indevidamente seus honorários, a dano do cliente.

Comentário: Esse também é um fato real, porém, felizmente, em proporção reduzida. A desonestidade campeia em todos os setores, esporadicamente pode atingir o do engenheiro.

Novamente a solução será uma boa escolha por parte do cliente, examinando o passado do profissional.

Acreditamos serem esses os itens básicos de risco para o cliente na construção por administração.

Passando agora a examinar os inconvenientes do contrato por empreitada, veremos que tanto engenheiro como cliente deverão se cercar de muitos cuidados, para que a obra não termine em litígio e, portanto, em fracasso.

O primeiro cuidado prende-se a uma descrição minuciosa do serviço a ser executado. Essa descrição depende de plantas completas e de um longo e cuidadoso memorial descritivo.

A seguir, exemplificamos um projeto de memorial descritivo, chamando, no entanto, a atenção do que deve ser ainda mais detalhado, para não permitir dúvidas. Esse exemplo é apenas um esboço e serve de base para o definitivo. Geralmente, depois de uma descrição geral do projeto, passamos a detalhar cada um de seus itens.

Providências importantes nos contratos por empreitada

Quando um profissional aceita um contrato por empreitada, deverá se cercar de inúmeras garantias:

a. memorial descritivo bem detalhado e completo;

b. condições de pagamento que permitam comprar materiais com antecedência, prevenindo-se, dessa forma, contra aumentos de preço;

c. indicação clara e firme no contrato, de que qualquer modificação nos planos originais só poderá ser feita após acordo entre as partes, para o novo preço que vigorar. Esse acordo deverá ser feito por escrito, assinado por ambas as partes e anexado ao contrato original. Não esquecer de combinar a forma de pagamento para esses acréscimos de preços;

d. efetuar contrato de mão de obra em geral e para compra de materiais, logo após a assinatura de contrato, para garantir os preços vigentes que servirão de base para o orçamento;

e. nas conversações com o cliente, não admitir absolutamente que pequenas alterações no serviço possam ser feitas sem cálculo e a redação de anexos no contrato para o reajuste de preço, e também, em hipótese alguma, deixar esses cálculos para o final da obra (ver letra *c*);

f. os trabalhos da obra devem ser feitos em ritmo acelerado, já que, com atrasos, os preços dos materiais poderão sofrer alta e a mão de obra também encarecerá.

MEMORIAL DESCRITIVO

Para construção de casa térrea em terreno sito à Rua ....

de propriedade do Sr. ....

1. CONDIÇÕES LOCAIS

Especificações

a. Terreno de dimensões 12 m x 32 m (retangular), com aclive para os fundos em rampa aproximada e uniforme de 3% (Figura 1.1).

b. Não há rede de água ou de esgoto.

c. Previsão para profundidade de poços: 6 m (dado conseguido de poços próximos). Terreno bastante permeável, que permite o uso de fossa negra e fossa séptica.

d. Existe iluminação na via pública.

e. Não há necessidade de tapume, pelo fato de a construção ser recuada.

f. A resistência do terreno permite o uso de alicerces simples de tijolos sobre camada de concreto simples e magro; (isso não se faz mais atualmente, o alicerce de tijolos é substitido por uma viga de concreto geralmente com 40 cm de largura por 15 cm de altura, armada com 4 ferros de 12,5 mm, com estribos de 4 mm, que dará à construção uma rigidez necessária, no caso de solos duros; sobre essa viga, será assentada, no mínimo, duas camadas de tijolos comuns para isolar a umidade do concreto. A altura das camadas de tijolo comum será o suficiente até o nível de 20 cm acima da cota do terreno; sobre essa alvenaria, será aplicada a impermeabilização como escrito abaixo. Acredito que o texto original deva ser substituído por este acima).

g. Já existem 17,5 m de muros construídos, segundo um croqui.

Figura 1.1

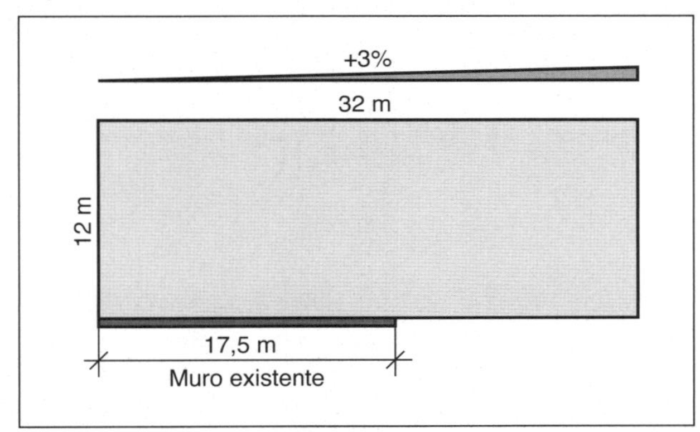

2. ABERTURA DE VALAS PARA ALICERCES

Especificações

a. para paredes de um tijolo, vala com 0,45 m de largura;

b. para paredes de meio-tijolo, vala com 0,35 m de largura;

c. as valas deverão ser aprofundadas pelo menos 0,5 m no terreno;

d. o nível da casa deverá estar 0,2 m acima do terreno atual, no mínimo, em qualquer ponto;

e. o piso das valas deverá ser apiloado, para a uniformização do terreno. Caso apareçam formigueiros de certa proporção, seus vazios deverão ser preenchidos com concreto.

3. CONCRETO MAGRO E SIMPLES NA SAPATA

Sobre o piso das valas, será colocada camada de concreto magro, traço 1:3:6 sem ferro, com o mínimo de 10 cm de espessura, com seu plano superior perfeitamente nivelado.

4. ALICERCES

Serão de alvenaria de tijolo comum com argamassa de cal e areia (1:3), mais 100 kg de cimento por metro cúbico, sobre uma viga baldrame:

a. de tijolo e meio sob paredes de um tijolo; viga de 40 x 15 cm;

b. de um tijolo sob paredes de meio-tijolo; viga de 30 x 14 cm;

c. com cinta de amarração, tipos 1 ou 2.

Figura 1.2 – Tipo 1 para alicerce de tijolo e meio.

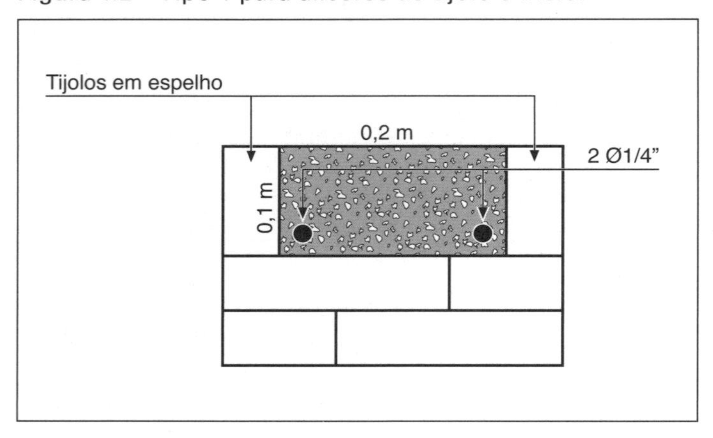

Figura 1.3 – Tipo 2 para alicerces de um tijolo.

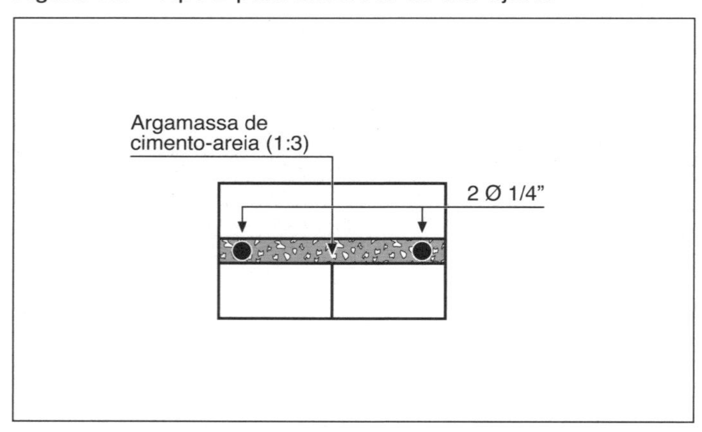

5. IMPERMEABILIZAÇÃO DOS ALICERCES

Será com camada de cimento e areia (1:3), dosada com Vedacit ou similar, segundo as instruções, aplicada no respaldo dos alicerces, dobrando lateralmente 10 cm para cada lado. Essa camada será pintada com 3 demãos de um líquido impermeabilizante, facilmente adquirido em lojas de materiais de construção. Esses produtos são à base de emulsão asfáltica.

As primeira e segunda fiadas das paredes serão também assentes com a mesma argamassa.

6. LEVANTAMENTO DAS PAREDES

Em alvenaria comum, respeitando o alinhamento, espessuras e vãos reprensentados na planta construtiva. A locação da obra deve ser feita pelo método da tábua corrida, pelos eixos das paredes.

a. Com tijolos comuns assentados com argamassa de cal e areia (1:3), mais 100 kg de cimento por metro cúbico, usando areia média (podendo ser levemente suja) e cal hidratada.

b. Com vigas sobre portas e janelas:

Figura 1.4 – Tipo 1 para vãos de até 1 m.

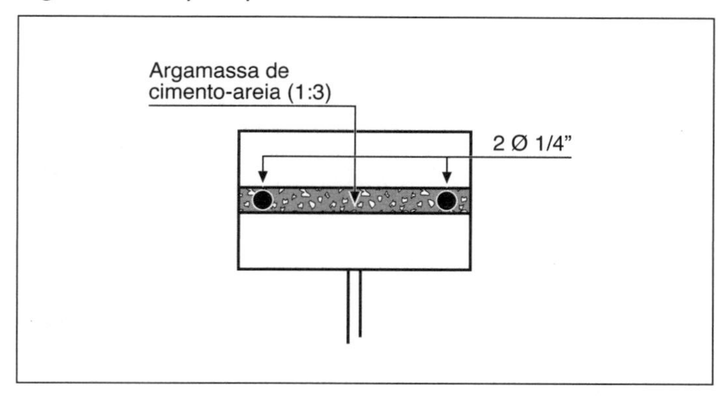

Figura 1.5 – Tipo 2 para vãos de 1 m até 2 m.

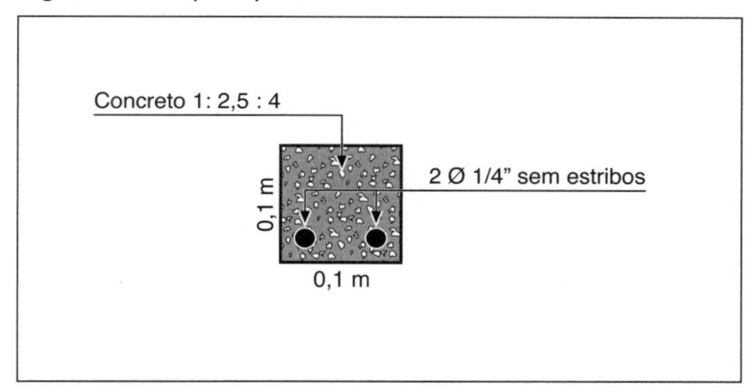

Tipo 3 para vãos maiores (depende de cálculo).

Figura 1.6 – Tipo 4 as vigas deverão ultrapassar a largura do vão pelo menos 0,3 m de cada lado.

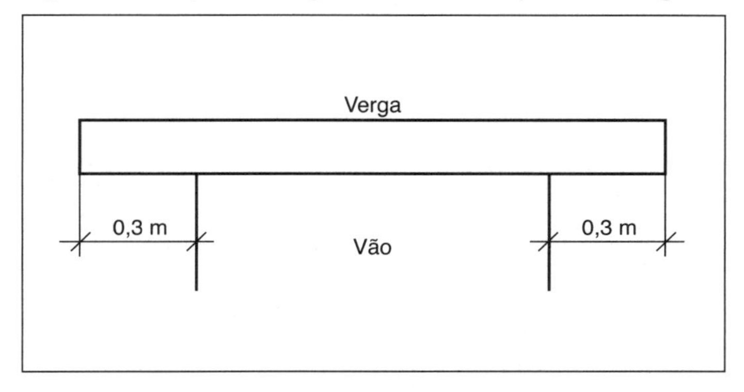

c. Com cinta de amarração no respaldo do telhado (sob os tarugos do forro):

Figura 1.7 – Tipo 1 para paredes de um tijolo.

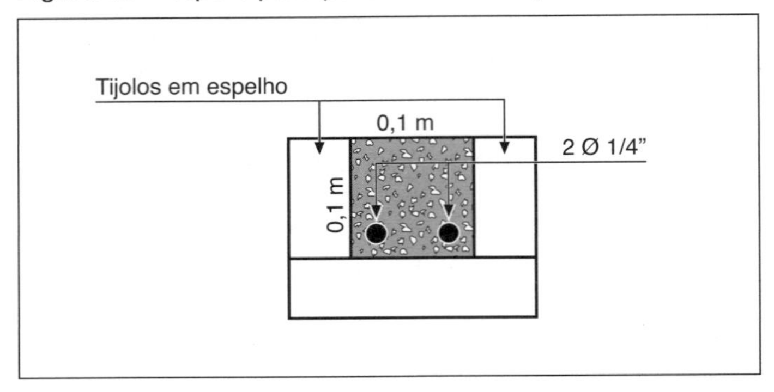

FIgura 1.8 – Tipo 2 para paredes de meio-tijolo.

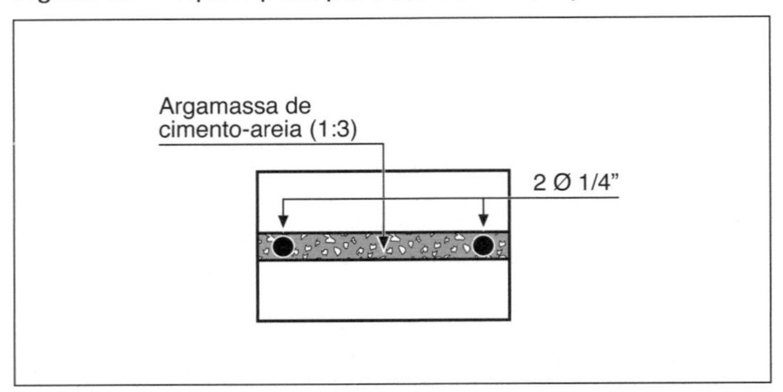

d. Sempre que necessário, serão levantados oitões sobre as paredes e sob o telhado para suportar o seu madeiramento. Na planta de telhados, serão indicados esses oitões.

7. TELHADO

a. em madeiramento indicado na planta especial de telhado;

b. com carpinteiro contratado por metro quadrado;

c. com cobertura de telhas de barro tipo paulista ou canal, de categoria comum;

d. com emboçamento feito por telhadista especializado;

e. com funilaria em chapa, detalhada na planta de telhados.

8. FORRO DE ESTUQUE

Em toda a casa principal e no quarto de empregada.

a. em madeiramento quadriculado com sarrafos de 1" x 4", na menor dimensão do cômodo, e 1" x 2", na maior. Reforço com tábua de 1" x 12" no centro da sala;

b. com tela de arame galvanizado fio 21, malha de 2 cm;

c. com o enchimento da tela, feita por cima (argamassa mista: cal, cimento e areia);

d. com o emboço (revestimento grosso) de cal e areia (1:3);

e. com reboco (revestimento fino) de areia lavada, grossa e peneirada e nata de cal.

9. REVESTIMENTOS

a. Externo e interno em duas demãos: emboço e reboco. Em todos os cômodos, com exceção dos sanitários, garagem, copa, cozinha, onde serão feitos revestimentos impermeáveis.

b. Da copa, cozinha e banheiro principal terão azulejos decorados até o forro. No box do chuveiro, os azulejos irão até a altura de 2 m (internamente). Azulejos assentes em junta a prumo, utilizando-se os de 1ª categoria:

   1. Os azulejos deverão ser submersos em água na véspera da utilização.
   2. Será usada a argamassa mista para assentamento: massa fina (cal e areia) dosada com um pouco de cimento (100 kg/m^3), caso se queira também poderá ser usada argamassa pronta, sendo existentes diversas marcas no mercado. O uso de argamassa pronta traz uma economia de tempo e redução das perdas, entretanto, como é mais cara, deverá ser verificado caso a caso.
   3. Rejuntamento com cimento branco e alvaiade (2:1); também pode ser usada massa pronta (preferencialmente) para este rejunte, as empresas fornecedoras de azulejos têm marcas próprias de massa de rejunte, dando, no caso de utilização desse material, uma garantia quanto ao assentamento.
   4. Os azulejos deverão ser assentados depois dos rodapés e antes dos pisos.

c. Com embasamento das paredes externas do corpo principal serão revestidos com pedra de granito (rústico), até 30 cm acima do respaldo do alicerce. Toda mureta do gradil da frente receberá idêntico revestimento de ambos os lados (da rua e do jardim), incluindo os pilares pelas quatro faces. O acabamento superior dos pilares e mureta será com capeamento da mesma pedra.

d. Na garagem, no WC extra e na parede em frente aos tanques, serão feitos de barra de estuque-lustre. No WC até 1,5 m de altura, na garagem até 2 m em cor creme clara, sem desenho.

10. PISOS

Especificações

a. com tacos de madeira

Figura 1.9 – Tipo 1 na sala, de marfim e ipê, com o seguinte desenho.

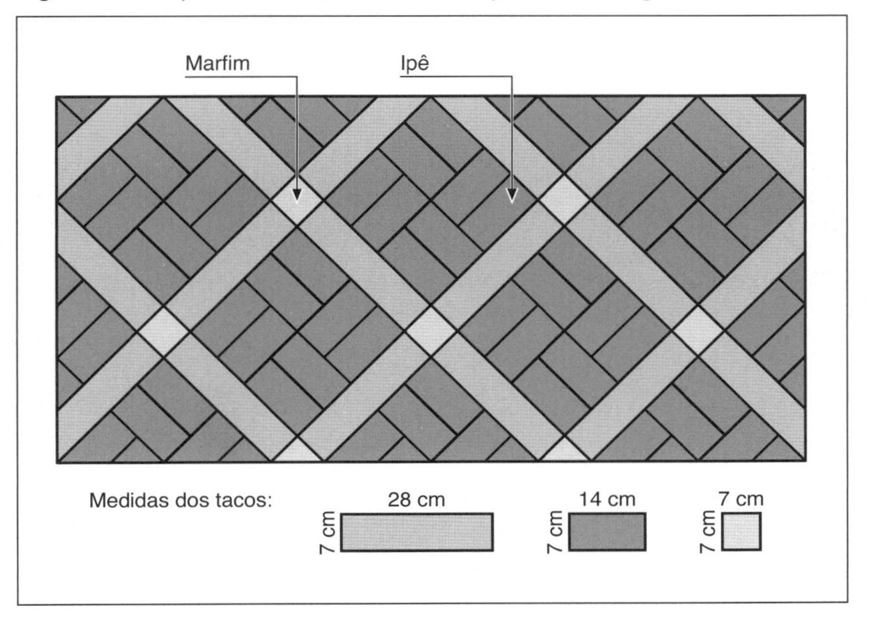

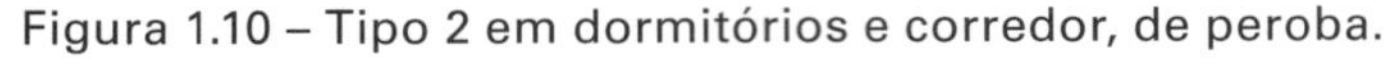

Figura 1.10 – Tipo 2 em dormitórios e corredor, de peroba.

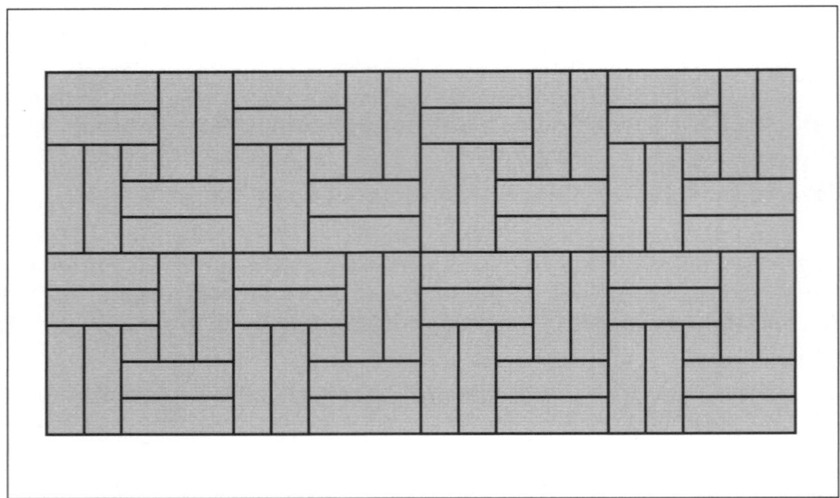

Figura 1.11 – Tipo 3 no quarto de empregada e armários dos dormitórios, de peroba em escama.

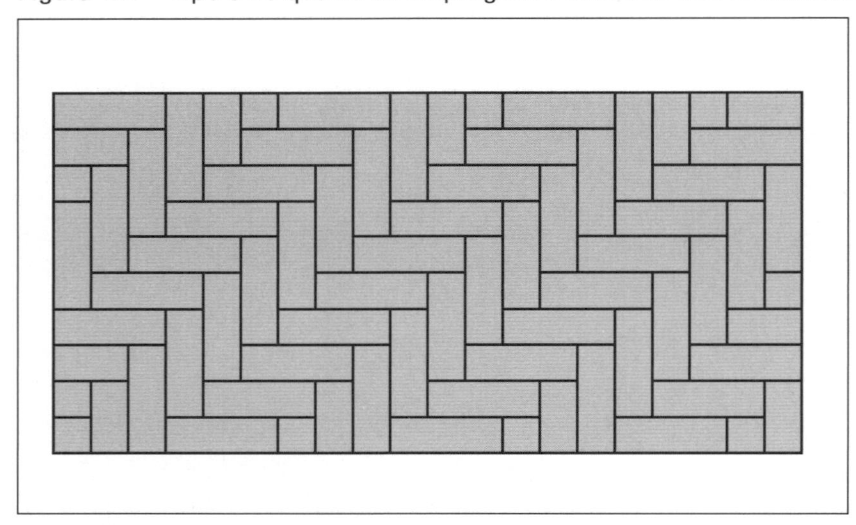

A colocação dos tacos ficará por conta da empresa fornecedora.

O verso dos tacos terá o sistema comum com piche e pedrisco, sem forma especial de fixação, e o assentamento será com argamassa de cimento e areia (1:3).

b. ladrilhos de cerâmica

1. cozinha e copa, ladrilhos sextavados de cerâmica esmaltada e rodapés de ladrilhos 7,5 cm x 15 cm. Pisos de armários, cacos de cerâmica vermelha e rodapé de ladrilhos retangulares 7,5 cm x 15 cm;
2. terraço de frente, incluindo passagem coberta para automóvel, ladrilhos de cerâmica esmaltada retangulares de 10 cm x 20 cm; junta de 5 mm com cimento preto, rodapé igual aos anteriores;
3. terraço dos fundos, garagem, WC e lavanderia, cacos vermelhos com 5% de preto e rodapé igual aos anteriores;

4. todas as soleiras da casa principal e da porta do quarto de empregada, lajotas de cerâmica esmaltada boleadas;
5. todos os peitoris das janelas (externos), lajotas e cerâmica, boleados com pingadeira. O peitoril interno da janela da sala será feito com cerâmica esmaltada;
6. soleiras da garagem, WC e lavanderia, cerâmica boleada.

c. granilito

Em banheiro e box, cor creme-claro, e rodapés um pouco mais escuros. Tiras de plástico dividindo o rodapé (tipo hospital) com o piso.

O piso do box ficará 1,5 cm abaixo do piso do banheiro.

O granilito será aplicado sobre preparação prévia com argamassa de cimento e areia (1:3), desempenada e executada por empresa especializada que faça polimento à máquina.

d. cimentados externos

Com 80 cm de largura em volta de toda a casa e da edícula e 2 passeios ligando o portão à garagem, também com 80 cm cada (Figura 1.12).

Figura 1.12

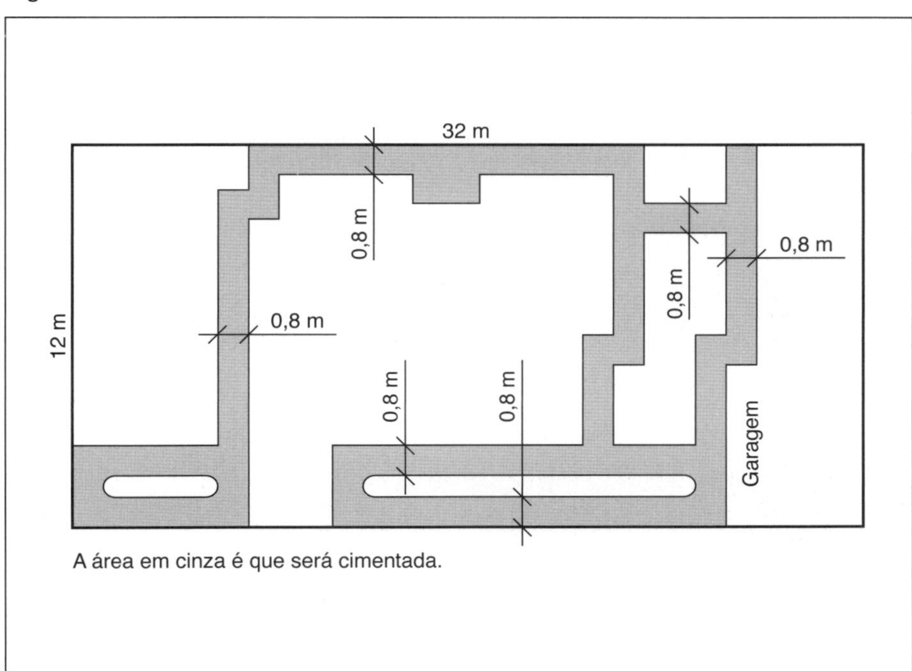

A área em cinza é que será cimentada.

Executados sobre preparação de cacos de tijolo apiloado, coberto com argamassa de cimento e areia traço (1:3) com 3 cm de espessura, exceto o percurso do carro do portão à garagem, que será feito com concreto magro e simples, traço 1:3:6, espessura de 8 cm, coberto com cimento e areia (1:3) com 2 cm de espessura. O acabamento será desempenado.

11. ESQUADRIAS DE FERRO

O dimensionamento dos vãos deve constar da planta construtiva ou de obra.

a. na janela da sala, de correr, com quatro folhas, sendo duas fixas laterais e duas centrais móveis;

b. nos caixilhos basculantes, com ornatos em ferro chato nas janelas do banheiro, copa, cozinha;

c. no caixilho basculante simples da janela do WC;

d. na grade de proteção, com desenho na planta de detalhes nas janelas da sala, dos dormitórios e nas três portas externas (de entrada, copa e cozinha).

12. ESQUADRIAS DE MADEIRA

Ver planta de detalhes para as especificações:

a. nos batentes, de peroba com 4,5 cm x 14 cm;

b. nas guarnições, de cedro de 7 cm x 1,5 cm;

c. nas portas, com 3,5 cm de espessura;

d. na veneziana dos dormitórios para os caixilhos de guilhotina, recebendo, na parte externa, grade de proteção; na parte interna, persianas de folhas metálicas (cortinas).

13. FERRAGENS

a. nas portas de entrada da sala, da copa e da cozinha, com fechadura tipo Yale (de cilindro); nas restantes, fechaduras comuns;

b. nas portas dos armários embutidos grandes, com fechaduras e chaves, sem maçaneta;

c. em dobradiças de 4" nas portas de entrada da sala, da copa e da cozinha, e dobradiças de 3,5" nas demais, inclusive de armários embutidos;

d. nas portas de todos os armários embutidos (molas vaivém de bolinha, com puxadores);

e. na porta do WC, que será do tipo calha, apenas no fecho tarjeta fio redondo;

f. nos portões, usarão fechos para cadeados, tanto embaixo (na batedeira) como em cima;

g. com colocação de esquadrias por carpinteiro especializado.

14. VIDROS

a. duplos-lisos nas três portas de entrada e nos vitrôs da sala (com duas demãos de massa);

b. fantasia (martelado) nas janelas do banheiro e WC;

c. simples-lisos nas demais janelas; será aplicada massa entre os vidros e os ornatos nos vitrôs que os possuírem.

15. GESSO

a. em cimalhas ou sancas, no encontro do forro com as paredes, nos dois dormitórios, corredor, sala, copa, cozinha e banheiro;

b. nos lustres (*plafonniers*) de tamanho grande na sala; de tamanho médio na copa, cozinha e dormitórios; e tamanho pequeno no corredor e banheiro.

16. HIDRÁULICA

A água será retirada do poço situado no quintal, por meio de bomba de sucção e elevação (centrífuga), alimentando dois reservatórios: o primeiro colocado sobre o corredor interno da edificação e o segundo sobre o WC de empregada. Será preparada também entrada pela rua, para a futura rede da concessionária de água (ver distribuição na planta respectiva).

A rede de esgotos levará a água servida para a fossa séptica e, a seguir, para a fossa negra, passando pela calçada, onde, por uma curva, ficará preparada a ligação para a futura rede.

17. ELETRICIDADE E TELEFONE

Objeto de planta e descrição à parte. Na planta construtiva, aparecem os pontos de luz com os respectivos interruptores e tomadas de corrente.

Compreende-se serviço de primeira, isto é, conduítes plásticos e fios plastificados de primeira qualidade. Carga em cada circuito estipulada pela companhia concessionária (Eletrotal). Para telefone(s), deixar os eletrodutos colocados.

No contrato definitivo, será anexada descrição completa desse serviço.

18. PINTURA

Especificações

a. nas paredes externas, com caiação simples;

b. no forros internos em geral, também com caiação simples;

c. nas paredes da cozinha, copa e banheiros, com caiação simples; dormitórios, com tinta à base de látex; sala e terraço, tinta à base de látex sobre base preparada com massa corrida;

d. nas esquadrias de madeira externas, com esmalte simples;

e. nas esquadrias de ferro (janela e grades de proteção), pintura a óleo comum, antecedida de zarcão;

f. nos portões e grades, pintura a óleo comum.

19. LIMPEZA GERAL

a. será efetuada raspagem e enceramento dos tacos; a raspagem será feita com três lixas, havendo calafetação entre a 1ª e 2ª lixas. A seguir, aplicação de resina sintética (sinteko ou outra);

b. a limpeza compreenderá azulejos, ladrilhos, vidros, aparelhos sanitários com seus metais e o quintal.

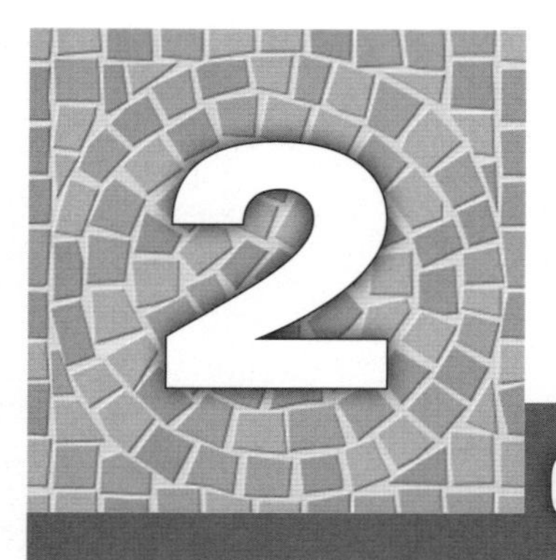

Contratos com mão de obra

Nos trabalhos de uma construção, temos a necessidade de estabelecer contratos com operários de diferentes especialidades: pedreiros, encanadores, eletricistas, carpinteiros, pintores etc. A lista é bastante longa, principalmente quando ingressamos nos trabalhos de acabamento, em que aparecem graniteiros, estucadores, limpadores, raspadores etc.

Em princípio, duas são as formas principais de contrato com os operários:

a. por hora;

b. por tarefa.

CONTRATO POR HORA

Os operários, trabalhando por hora, poderão ser contratados pelo proprietário ou pelo escritório de construções.

No primeiro caso, o escritório funcionará apenas como fiscal e controlador da mão de obra e o proprietário se transformará em empregador, devendo, portanto, registrar-se como tal junto aos órgãos competentes: INSS e Ministério do Trabalho.

No segundo caso, o empregador será o escritório, cabendo, portanto, a este toda a responsabilidade perante as repartições.

A situação do escritório de construções para com o cliente ou proprietário será a de um empreiteiro que, previamente, deverá elaborar um contrato especificando as condições.

CONTRATO POR TAREFA

Os operários, trabalhando por tarefa, terão um regime de empreitada entre eles e o cliente, ou entre eles e o escritório de construções. O operário funciona como contratado e o proprietário como contratante, nos casos de construção por administração. Nos casos de construção por empreitada, o engenheiro ou o escritório ocupará o lugar do cliente como contratante.

É impraticável o contrato individual com cada operário, por isso, eles serão agrupados conforme a sua especialidade.

Assim, aparece como chefe de um grupo aquele que se transforma em responsável pelo contrato, recebendo o nome de empreiteiro. Caberá, pois, a este toda a ligação com o escritório e toda a responsabilidade perante os órgãos controladores do trabalho (INSS, Ministério do Trabalho etc.). Geralmente o empreiteiro é um antigo operário que, pelas suas qualidades, sobressaiu entre os demais.

Já aparecem, agora, mestres saídos de escolas profissionais de tecnologia que, esperamos, irão melhorar o nível dessa classe profissional.

Estabelecem-se assim diversos contratos entre o cliente ou o escritório, de um lado, e os empreiteiros das diversas especialidades, do outro.

Na prática, quaisquer das modalidades sendo aplicada, as vantagens variam de acordo com o volume da obra em execução e também de acordo com o maior ou menor desenvolvimento do escritório que a executa.

Numa obra de grande vulto, onde a necessidade de trabalho será de centenas de operários, será quase impossível encontrar um empreiteiro para se responsabilizar por tal quantidade, que naturalmente envolve risco e o emprego de grande capital. Nesses casos, portanto, não haverá outra solução senão a contratação dos operários por hora.

Já para obras menores, onde os grupos poderão ser bem caracterizados em suas especialidades, o sistema mais vantajoso, quer para o cliente quer para o engenheiro, será o de empreitada.

Em obras pequenas, a remuneração do escritório de construção não comporta a permanência constante de fiscal na obra. Assim, operários trabalhando por hora poderão ficar ociosos, apresentando baixo rendimento.

Um cálculo simples poderá exemplificar: Em uma construção de 200 m^2, o custo total provável será: 200 × R$ 1.000,00 = R$ 200.000,00; com porcentagem de 12% de administração, o escritório receberá sobre R$ 200.000,00 = R$ 24.000,00 e a obra terá a duração provável de 10 meses.

Para pagar um bom fiscal de obra, despenderemos cerca de R$ 12.000,00 (10 meses a R$ 1.200,00), o que será um absurdo, além de o fato de, talvez, ser necessário um segundo fiscal para fiscalizar o primeiro.

Nas empreitadas de mão de obra, o empreiteiro terá todo o interesse de fazer seus operários contratados renderem o máximo.

Com a construção de uma residência, toda a mão de obra poderá ser empreitada, sendo comum a divisão nos seguintes empreiteiros:

1 **Pedreiro**: encarregado de todos os trabalhos de pedreiro, excluídos aqueles especializados, tais como: canteiro (colocador de pedras), graniteiro (encarregado dos pisos e revestimentos de granilito) etc.

2 **Carpinteiro**: encarregado de confeccionar as formas para concreto armado, do madeiramento para forros, da estrutura de telhados, e da colocação das esquadrias de madeira.

3 **Encanador**: encarregado dos trabalhos de hidráulica em geral (distribuição de água, rede de esgotos, funilaria de telhado, condutores, águas pluviais e ligação de gás).

4 **Eletricista**: encarregado das instalações de luz (força) e telefone.

5 **Pintor**: encarregado dos trabalhos de pintura em geral.

6 **Limpador e raspador**: encarregado da limpeza final e raspagem de pisos de madeiras (tacos).

Além desses, que são os mais comuns e cujos trabalhos envolvem maior número de operários, surgem aqueles que executam trabalhos ainda mais especializados e que não estão em todas as obras – marmoristas, graniteiros, estucadores (trabalho com gesso), canteiros (colocadores de revestimentos e pisos de pedras) etc.

CONTRATO ENTRE O CLIENTE E O EMPREITEIRO PARA A MÃO DE OBRA DE PEDREIRO

Quando pretendemos entregar os trabalhos de obra para subempreiteiros; o principal contrato é para serviços de pedreiro; primeiro, porque é o que tem mais serviços e segundo, porque é o empreiteiro que mais tempo permanece na obra. É o que, na maioria dos casos, inicia a obra e nela permanece até os seus últimos trabalhos e, durante esse período, não interrompe um dia sequer sua atividade. Por esse motivo, o pedreiro pode ser considerado como preposto do engenheiro, ou mestre geral, e serve de coordenador para todos os trabalhos, inclusive aqueles de outros empreiteiros: encanadores, eletricistas etc.

Apresentamos, a seguir, alguns modelos de contrato:

Modelo 1:

CONTRATO

Para serviços profissionais de pedreiros, para a construção de residência em terreno à Rua Angatuba, esquina com Rua Antônio Gomes, bairro Alto de Pinheiros.

CONTRATADO: Mário Antônio Santos, RG nº ....

(INSS nº ....) Pref. nº .... CPF nº ....

com escritório na Rua .... nº ....

CONTRATANTE: Sr. Olavo Cardena, RG nº ....

Residência: Rua Cardeal Arcoverde, nº 3.182, 2º andar.

OBJETIVO

Fazem parte deste contrato todos os trabalhos normais de pedreiro e estão excluídos aqueles que pertencem especificamente a carpinteiros, encanadores, esgoteiros, eletricistas, pintores, limpadores, ferreiros, faqueiros, graniteiros, canteiros etc.

DESCRIÇÃO DO SERVIÇO

1. Limpeza do terreno.
2. Construção do barracão de guarda de material e canteiro de serviço.

3. Abertura de valas, seu nivelamento e apiloamento.
4. Colocação de sapata de concreto simples (1:3:6) em todos os alicerces.
5. Execução de alicerces de alvenaria de tijolos comuns, assentados com argamassa de cal e areia, com pequena dose de cimento, com as espessuras marcadas na planta, até o seu respaldo, que será 30 cm acima do nível fixado para o terreno.
6. Colocação de cinta de amarração do respaldo dos alicerces, de acordo com a determinação do engenheiro. A preparação dos ferros, para essas cintas, será feita pelo contratado.
7. Execução de aterro interno e externo em todo o terreno, ou regularização do terreno se for necessário.
8. Construção dos muros laterais onde for necessário (lado esquerdo de quem olha a Rua Miralhas).
9. Construção de gradil em toda a frente para as ruas Angatuba e Antônio Gomes, conforme desenho na planta. Colocação de portões e gradil de ferro ou madeira.
10. Impermeabilização dos alicerces com camada de areia e cimento dosados de Vedacit e pincelados com piche ou Neutrol. As duas primeiras fiadas de tijolos serão assentadas com Vedacit.
11. Assentamento de paredes de alvenaria de tijolos comuns, com argamassa de cal e areia, conforme planta. Sobre e sob portas e janelas serão feitas vergas de acordo com as ordens do engenheiro.
12. Respaldo do telhado com cinta de amarração, de acordo com as ordens do engenheiro.
13. Colocação de laje treliçada pré-fabricada, ou similar para forro, cabendo ao contratado toda a ajuda necessária aos operários especializados.
14. Execução do forro dos beirais, de estuque.
15. Execução do telhado com telha paulista tipo canal, devendo o contratado emboçar com telhadista por sua conta.
16. Fazer revestimento grosso e fino em todas as paredes, internas e externas, com exceção das fachadas, que serão feitas com massa raspada por empresa especializada, cabendo ao contratado, neste caso, apenas a execução do revestimento grosso.
17. Colocação de azulejos na cozinha e banheiro até o forro, e no box de chuveiro até 2 m, com faixa e calha externa. Assentamento de peças acessórias, tais como: saboneteira, porta-toalhas, porta-papéis, cabides, armários de espelhos etc.
18. Feitura de revestimento de estuque-lustre na garagem até 2 m e na lavanderia e WC de empregada até 1,5 m.
19. Preparação dos pisos da cozinha, banheiro e terraço, que serão de cerâmica esmaltada.
20. Preparação dos pisos da lavanderia, WC de empregada e garagem, que serão de cerâmica.
21. Colocação de tacos para fixação de rodapés e, quando necessário, colocação de cofre, tampa de lixo na cozinha, exaustor, caixa de cartas, pedras mármores, mesa na cozinha etc.
22. Execução dos peitoris das janelas, que serão de bancaletes, segundo o desenho fornecido pelo engenheiro, e capeados com lajotas cerâmicas.
23. Colocação de lajotas de cerâmica nas soleiras das portas externas.
24. Apenas a preparação dos passeios externos, segundo a planta, já que a terminação será feita com lajotas de pedra, por operário especializado.
25. Construção da calçada na frente total para as duas ruas.
26. Preparação do piso e fornecer areia, cimento e água, para que o faqueiro especializado faça o assentamento, nos pisos do dormitório e sala, dos tacos de madeira.
27. Colocação de grades de proteção, em todas as janelas da casa, e vitrôs de ferro.
28. Colocação dos dois tanques.

ANDAIMES E FERRAMENTAS

O contratado deverá fornecer, por sua conta, madeira para andaimes e todas as ferramentas necessárias para o seu trabalho, tais como: carrinhos, pás, picaretas, enxadões, betoneira etc.

DESPESAS SOCIAIS

Todas as despesas com instituto de aposentadoria, Sesi, seguros contra acidentes de trabalho, correrão por conta do contratado, não cabendo ao contratante qualquer responsabilidade, já que o empreiteiro é registrado como empregador no INSS.

PREÇO E CONDIÇÕES DE PAGAMENTOS

O preço justo e contratado é de R$ 76.000,00 (setenta e seis mil reais), que será pago em parcelas mensais, cada dia 5 (cinco), em função do serviço executado. O contratado solicitará até o dia 30 a importância correspondente. O engenheiro responsável verificará se o serviço executado até essa data comporta o pagamento requerido, e autorizará por escrito o contratante a efetuar o pagamento até o dia 5 (cinco) do mês seguinte. Sobre o valor do serviço executado, o contratado deixará como reserva a garantia de 10% (dez por cento), que lhe serão entregues no final dos trabalhos.

PRAZO DE INÍCIO E DE ENTREGA DOS TRABALHOS

Os trabalhos serão iniciados nesta data e deverão ser entregues dentro de 180 dias decorridos, salvo motivo de força maior (compreende-se como motivo de força maior apenas a falta absoluta de material indispensável para a continuação dos trabalhos). Nesse caso, o prazo será dilatado para um número dobrado de dias daqueles que faltar o material. Prescrito o prazo fixado, perderá o contratado automaticamente direito a qualquer reclamação ou indenização, podendo o contratante rescindir este contrato sem prévio aviso. Os trabalhos não poderão ser interrompidos por mais de três dias, salvo os motivos acima descritos, cabendo, neste caso, o mesmo direito ao contratante de rescindir este contrato.

E por haverem assim contratado, achando justas essas condições, assinam o contratante, o contratado e o engenheiro responsável como testemunha.

....

O contratado O contratante

....

Testemunha – engenheiro responsável

Como se constata pela descrição do serviço, trata-se de construção residencial de um só pavimento (térrea) de bom acabamento. Nesse contrato, exclui-se qualquer serviço que não for exatamente o de pedreiro: carpintaria, hidráulica, eletricidade, pintura, limpeza, ferragem de concreto, assentamento de tacos, granilito, pedras etc. – é um critério que dependerá de preferência.

Eventualmente, alguns desses trabalhos poderão ser incluídos, e nos exemplos posteriores os faremos.

No título aparecem as características de localização do serviço, nomes e endereços do contratante (proprietário) e do contratado (empreiteiro); convém ainda especificar os números de registro da empreiteira na Prefeitura (para o pagamento do Imposto sobre Serviços – 2% sobre o total), no Ministério da

Fazenda, do CPF e no INSS. Atualmente não é necessário exigir-se apólice de seguros contra acidentes, porque está incluído no próprio INSS.

Durante a execução da obra, devemos exigir que o empreiteiro exiba comprovante de quitação com o INSS, pois o critério usado por esse instituto é irrevogável para com o proprietário, isto é, sempre que o empreiteiro não efetuar os pagamentos devidos, o proprietário será responsabilizado pela dívida. Caso não pague, não receberá no final da obra a devida quitação, sem a qual não poderá registrar o imóvel recém-construído nos Cartórios de Registro de Imóveis. A falta desse registro impossibilita venda e aluguel do imóvel.

Na descrição do serviço, devemos dar preferência às especificações numeradas, com frases curtas e precisas, evitando mal-entendidos. Devemos lembrar que as plantas de obra fazem parte do contrato e, por isso, não há necessidade de mencionar medidas em geral e descrever detalhes exagerados, que constarão dos desenhos.

Nesse contrato, ao empreiteiro caberá o fornecimento de madeiramentos para andaime e as ferramentas para a sua própria atividade, inclusive betoneira, se houver necessidade.

Preço e condições de pagamento. A citação de um preço fixo é o que caracteriza esse contrato como de empreitada; as condições de pagamento podem ser melhor discriminadas. Mesmo que seja feita a menção de parcelas conforme o andamento do serviço, como exemplo, e tratando-se de construção de um só pavimento, sugerimos as seguintes parcelas:

1. No respaldo dos alicerces 10%
2. No respaldo do telhado 20%
3. Na cobertura do telhado 10%
4. Toda a obra com revestimento grosso e fino 15%
5. Com todos os pisos prontos 10%
6. Com todos os revestimentos especiais (azulejos, pastilhas etc.) previstos 10%
7. Na conclusão total dos serviços 15%
8. Quinze dias após a entrega dos serviços, prestação final 10%

Com esse parcelamento, consegue-se um duplo objetivo: o empreiteiro estará recebendo pagamentos pouco inferiores ao serviço executado, sem ser obrigado a empatar grande capital, já que, em geral, é pessoa ou empresa com pouca capacidade financeira.

Verificando-se os subtotais recebidos e acumulando-os, temos:

a. no respaldo dos alicerces: 10%;
b. no respaldo do telhado, portanto com toda a alvenaria levantada: 30%;
c. com a obra coberta: 40%;
d. com todo o revestimento de cal e areia pronto: 55%;
e. com todos os pisos e revestimentos especiais prontos: 75%. Nesse ponto, a obra estará com os trabalhos de mais importância já concluídos, porém falta uma série de pequenos remates, que nos obrigam a segurar uma parcela de 25% para a conclusão;

f. na entrega dos trabalhos, o empreiteiro deverá receber ainda 25%, porém a prudência manda efetuar o pagamento de 15%, guardando os restantes 10% por um pequeno prazo (cerca de 15 dias), tempo necessário e suficiente para a verificação e efetuar experiências diversas. É um meio de cobrirmos a necessidade de pequenos consertos e remates logo após a entrega da obra. São muito comuns esses consertos: uma goteira que não foi notada antes por ausência de chuva, um taco que se descola, um azulejo mal preso à parede etc.

Um outro tipo de contrato parcela ainda mais os pagamentos, sempre tendo em vista a ausência de capital por parte dos empreiteiros modestos:

1ª parcela: 5% abertas as valas dos alicerces, concluídas as brocas e concretada a sapata corrida;

2ª parcela: 5% alicerces prontos e impermeabilizados;

3ª parcela: 5% paredes do andar térreo na altura do 1° andaime (1,5 m);

4ª parcela: 5% paredes no nível da laje;

5ª parcela: 5% laje pronta;

6ª parcela: 5% paredes no nível do 1° andaime acima da laje;

7ª parcela: 5% paredes no nível do telhado;

8ª parcela: 10% telhado e forro prontos;

9ª parcela: 15% massa grossa e fina, interna e externamente, e também azulejos prontos;

10ª parcela: 20% todos os pisos prontos e com todas as partes de embutidos nos devidos lugares para os trabalhos de eletricista, com os fios passados nos condutos, e o de encanador;

11ª parcela: 10% obra pronta;

12ª parcela: 10% 20 dias após.

Prazo de início e de entrega dos trabalhos

A fixação do prazo para início e entrega dos trabalhos é necessário, para evitar o prolongamento exagerado da obra, por desleixo ou incapacidade do empreiteiro. No entanto, não devem ser levadas com rigidez as palavras do contrato; tais palavras são mais de advertência e aviso.

Quanto às assinaturas no contrato, apenas as assinaturas do contratante (proprietário) e do contratado (empreiteiro) são indispensáveis; o engenheiro ou empresa construtora quando assina, apenas o faz como testemunha.

Introduzimos algumas modificações no segundo modelo.

Modelo 2:

ORÇAMENTO

Para a construção de um grupo de seis sobrados, abrangendo apenas a mão de obra de pedreiro, em terrenos situados entre as rua Bacaetava, Jaceru e Paulo, fazendo frente para a travessa Jeceru, bairro do Brooklin Paulista, regional de Santo Amaro.

PROPRIETÁRIOS

Srs. José de Souza e Antônio Carlos de Gouveia, Rua Santo Amaro, 624, sobreloja, Capital, SP.

EMPREITEIRO

José Ferreira Martins, residente na Rua Logonia, 231, São Paulo. Escritório na Rua Libero Badaró, 300, 2° andar, sala 6.

Este orçamento é apenas de mão de obra. Entende-se que todo o material será fornecido pelo proprietário. Sempre que houver alguma alteração nesse orçamento, será expressamente detalhada.

1. Limpeza do terreno.
2. Abertura e enchimento de brocas até 5 m de profundidade, num total de 60 (sessenta) para o conjunto.
3. Abertura de valas para os alicerces com profundidade mínima de 50 cm abaixo do nível do solo.
4. Respaldo do alicerce. A altura será posteriormente determinada, ficando no mínimo 20 cm acima do nível definitivo do quintal.
5. Enchimento de uma camada de concreto simples com 10 cm de espessura, base dos alicerces.
6. Execução de cinta de amarração no respaldo dos alicerces, laje do piso do pavimento superior e laje de forro, em forma de canaleta de 22 cm x 11 cm com 2 ferros de 3/8"e 2 ferros de 1/4".
7. Impermeabilização no respaldo dos alicerces e em todos os pisos do pavimento térreo, com Vedacit ou similar e recobrimento com piche ou Neutrol.
8. Execução da alvenaria conforme planta, em tijolos comuns assentados com argamassa de cal e areia.
9. Feitura de lajes treliças para o piso do pavimento superior e forro, correndo a armação, escoramento e enchimento por conta do empreiteiro. Os proprietários só fornecerão as peças das lajes — vigotas treliçadas e elementos cerâmicos de enchimento.
10. A carpintaria do telhado será por conta do empreiteiro.
11. Cobertura, com telhas francesas nos dois painéis principais e nas edículas, com Eternit ou similar sobre os banheiros e *halls*.
12. Colocação de todos os caixilhos de ferro, grades de proteção, grades de escada ou de balcão, caixilhos para o box de chuveiro etc.
13. Colocação de todos os batentes de madeira. As folhas serão colocadas por conta do proprietário.
14. Preparação de todos os pisos do andar térreo com concreto magro e simples (6 cm de espessura). Posterior impermeabilização.
15. Carpintaria, armação e fundição das lajes das escadas.
16. Assentamento de ladrilho, cerâmicas ou granilito na cozinha e banheiro, com toda a mão de obra fornecida pelo empreiteiro, inclusive polimento do granilito.
17. Assentamento de tacos de madeira nos pisos dos dormitórios, salas, *halls* e quarto de empregada.
18. Execução do piso das escadas com granilito (degraus, espelhos e rodapés), com toda a mão de obra fornecida pelo empreiteiro, inclusive polimento do granilito.

19. Execução do piso do WC da empregada e tanques em cimento ou cacos de cerâmica com rodapés correspondentes e tanques em cimento.
20. Cimentado de todo o quintal com cacos de cerâmica.
21. Execução de muros de alvenaria, revestidos de ambos os lados, com altura de 1,5 m, conforme planta.
22. Execução das muretas de frente de 0,3 m de altura, revestidas e capeadas com cerâmica.
23. Colocação de pedras na fachada em todo o 1° pavimento, conforme planta, sendo toda a mão de obra fornecida pelo empreiteiro.
24. Colocação de pastilhas em todo o restante da fachada principal, onde não forem assentadas pedras, com toda a mão de obra fornecida pelo empreiteiro. Colocação de elementos vazados na fachada onde forem designados pelo engenheiro (terraços superiores e inferiores).
25. Sanca de gesso, feita e colocada pelo empreiteiro, para luz indireta na divisa entre as duas salas.
26. Colocação de azulejos até 1,5 m nos banheiros, até o forro na cozinha e pequena área sobre os tanques, com todas as peças de acabamento.
27. Colocação de tanques de lavar roupa.
28. Execução de barra lisa impermeável no terraço do tanque e no WC até a altura de 1,5 m. Essa barra lisa poderá ser substituída por azulejos ou pastilhas, sem qualquer acréscimo de preço no contrato.
29. Todos os serviços de pintura, encanamento, eletricidade, limpeza e colocação de telas serão fora do contrato.
30. Todos os trabalhos compreendendo alinhamento do terreno do grupo para dentro; não estando previsto neste orçamento quaisquer serviços de aberturas de rua, calçamento e colocação de guias. As calçadas correspondentes ao grupo serão feitas pelo empreiteiro, estando incluídas neste orçamento.
31. Fica incluída neste orçamento toda a mão de obra necessária, para serviços de rotina nas construções, e que deixam de ser mencionadas especificamente, tais como: colocação de saboneteiras, porta-toalhas, porta-papéis, peças de peitoris e soleiras, abrigos de água, gás e pia, transporte interno de materiais etc., bem como a preparação do terreno para a entrada de caminhões, em local a ser designado pelo engenheiro.
32. Todo o movimento de terra necessário apenas para a construção do grupo será com mão de obra e transporte interno por conta do empreiteiro. O transporte por caminhões correrá por conta dos proprietários.
33. O empreiteiro fornecerá todas as ferramentas e madeiramento para andaimes necessários para seu trabalho.
34. O preço será de R$ 85.000,00 (oitenta e cinco mil reais).

CONDIÇÕES DE PAGAMENTO

1° 5% – Quando todos os alicerces estiverem respaldados e impermeabilizados.

2° 15% – Quando estiver pronta a laje do piso do pavimento superior.

3° 10% – Quando estiver pronta a laje do forro do andar superior.

4° 5% – Quando o grupo completo, inclusive edículas, estiver coberto.

5° 15% – Quando todo o revestimento de massa grossa e fina, externa e internamente, estiver pronto. (Não estão incluídos os revestimentos especiais.)

6° 15% – Quando todos os revestimentos especiais estiverem prontos (azulejos, pedras, pastilhas, barra lisa etc.).

7° 15% – Quando todos os pisos estiverem prontos.

8° 10% – quando todos os trabalhos estiverem terminados.

9° 10% – 30 dias após o pagamento da parcela anterior, desde que não tenha sido constatada qualquer irregularidade nos serviços.

Nota: para os itens 6° e 7°, poderá ser feito o pagamento parcial de alguns pisos e revestimentos, conforme o andamento da obra, a critério do engenheiro e proprietário.

35. Todos os pagamentos serão efetuados contra faturas fornecidas pelo empreiteiro e devidamente visadas pelo engenheiro. Os proprietários, absolutamente, não pagarão contra recibos provisórios ou vales.

36. O empreiteiro encarregar-se-á do fornecimento de todo o madeiramento necessário para o escoramento das lajes, tanto de piso como de forro, e também para formas de concreto das escadas, vergas e vigas em geral. Encarregar-se-á também do fornecimento de todos os pregos necessários para essas formas, para o madeiramento do telhado e forros, e fornecerá também parafusos para fixar batentes. Fornecerá ainda madeiramento para guias de granilito, tanto nos pisos como nos rodapés e escadas. Para ajuda na compra dos madeiramentos, pregos etc., os proprietários pagarão, de uma só vez, a importância de R$ 5.000,00 (cinco mil reais), que lhe será entregue juntamente com a segunda prestação (item 2°).

37. Leis sociais – serão todas de responsabilidade do empreiteiro.

E, por estarem de acordo, assinam o presente.

....

O empreiteiro Os proprietários

Nesse modelo, aparecem algumas modificações, quando comparado com o modelo 1; aconselhamos que os interessados façam uma adaptação para os outros casos reais que tiverem nas mãos. Não se pode aempresar que esse ou aquele ponto esteja certo ou errado em cada modelo, pois depende de condições do momento, sendo impossível o estabelecimento de fórmula única.

Encontramos as condições de pagamento bem fixadas e, como se trata de construção de dois pavimentos, as parcelas são diferentes; acumulando-as verificamos:

a. no respaldo do alicerce, 5%, porcentagem menor do que a do contrato anterior; o trabalho com os alicerces representa uma porcentagem menor no sobrado do que na casa inteira;
b. na concretagem da laje do piso, 20%;
c. na concretagem da laje de forro, 30%;
d. na cobertura, 35%;
e. no final de todo o revestimento de cal e areia, 50%;
f. quando todos os revestimentos especiais estiverem concluídos, 65%;
g. quando todos os pisos estiverem, concluídos, 80%;
h. quando a obra for entregue, 90%;
i. um mês após a entrega totaliza-se o pagamento de 100%.

Como se vê, aqui as condições são um pouco mais severas para com o empreiteiro. Na cobertura, no modelo 1, tínhamos 40% pagos e aqui 35%. No final de todo o revestimento de cal e areia, lá estavam pagos 55%, aqui 50%.

No modelo 2, a espera dos últimos 10% é de 30 dias, e, no modelo 1, é de 15 dias.

Muito importante é a observação referente aos itens 6° e 7° dos pagamentos, permitindo a combinação de piso e revestimentos especiais para a liberação de uma das parcelas. É muito comum termos alguns pisos prontos e não todos; e também alguns revestimentos especiais prontos e não todos; por isso, as duas parcelas poderiam ficar retidas. Porém, é justa a liberação de uma delas, já que as partes prontas cobrem um pagamento.

No final da obra, deve-se requerer à Prefeitura a vistoria para efeito de "habite-se". Esse requerimento só é aceito pela Prefeitura, caso venha acompanhado de um documento emitido pela Secretaria das Finanças do Município, documento esse de quitação com a receita. A quitação será obtida no departamento da Secretaria das Finanças do Município, obedecendo sua obtenção ao seguinte andamento: o setor de arquitetura da Prefeitura, ao aprovar o "habite-se", entregará um documento onde estará especificada a área total construída e o tipo de acabamento. Exemplo: área total construída = 200 m^2, acabamento médio. O imposto sobre serviço será avaliado da seguinte forma:

$$200 \text{ m}^2 \times \text{R\$ } 800{,}00 \text{ (mão de obra)} = \text{R\$ } 40.000{,}00$$

$$\text{Imposto sobre Serviço: } 2\% \text{ sobre } 40.000{,}00 = \text{R\$ } 800{,}00$$

Devem ser exibidas faturas emitidas pelos empreiteiros nesse montante, ou se pagará o imposto total. Caso se exibam faturas com valores menores, pagar-se-á apenas a diferença.

CONTRATO PARA SERVIÇOS DE ELETRICIDADE E TELEFONE

Para a contratação desses trabalhos, vamos exemplificar com o modelo 3. Trata-se de construção residencial em um só pavimento (térrea). Pretende-se contratar empreiteiro para toda a mão de obra e caberá a ele o fornecimento dos materiais necessários para o serviço, tais como: conduítes, fios, caixas, chaves interruptoras, tomadas, campainhas, poste de entrada, caixas de ferro etc. Não caberá ao empreiteiro o fornecimento de aparelhos elétricos em geral: lustres, chuveiros, exaustores etc. O modelo 3 é de uma proposta e não propriamente de contrato; no entanto, essa proposta, desde que aceita e assinada por ambas as partes, transforma-se em contrato e poderá ser registrada como tal.

Modelo 3:

São Paulo, 21 de maio de 2000.

Ilmo. Sr. Theodoro Martinelli.

A/C Construtura B.A.C. Ltda.

Capital

Proposta 036-00

Prezado Senhor,

Atendendo ao pedido verbal de V. Sa., referente aos serviços elétricos a serem executados na obra de sua propriedade, em construção na Rua das Paineiras, quadra n° 6, lote 14, proponho o seguinte:

Todos os serviços serão executados de acordo com o memorial abaixo descrito, cabendo-me toda a assistência técnica até o término dos serviços.

MEMORIAL

a. Entrada de energia.
b. Distribuição de luz.
c. Instalação para campainhas.
d. Instalação para chuveiros elétricos.
e. Instalação de antenas para TV.
f. Instalação para a ligação de telefones.

Entrada de energia

A entrada de energia elétrica será feita por sistema subterrâneo, sendo colocado um poste galvanizado de 6 m de comprimento por 75 mm de diâmetro, junto ao portão da rua.

Nesse poste, serão colocadas castanhas isoladoras para receber os condutos da Eletro e Tele, e, em sua parte interna, correrá um tubo de 19 mm para comportar 3 condutores de 4 mm^2, e outro para comportar os fios telefônicos, tudo de acordo com as concessionárias desses serviços.

Esses tubos terminarão nas caixas, de ferro para luz, de chapa para telefone, que serão colocadas junto ao poste.

Essas caixas, de acordo com as especificações das concessionárias, deverão comportar o aparelho medidor com uma base de fusível-cartucho de 30 A e fios de terra para o telefone.

QUADRO DE DISTRIBUIÇÃO

Será colocado no armário do *hall* de entrada e alimentado na caixa de ferro, por intermédio de eletrodutos subterrâneos, com três condutores de 4 mm^2.

Identicamente para telefones, em tubos de 19 mm^2, até os pontos localizados na planta, isto é, *hall* de entrada e dormitório principal.

O quadro de distribuição será de madeira, com porta e contracaixa, tendo dimensões a comportar: 1 chave trifásica de 30 A, fusível-cartucho para chave geral de luz; 1 chave monofásica de 30 A para o aquecedor; 1 chave monofásica de 30 A para o chuveiro principal; 6 chaves monofásicas de 30 A para a distribuição geral de luz.

Distribuição de luz

Portão – 1 arandela com 1 chave simples;
Abrigo – 1 arandela com 1 chave simples;
Hall – 1 ponto de luz com 1 chave simples e 1 tomada;
Hall – 1 arandela com 1 chave simples;
Sala de estar – 1 ponto de luz com 1 chave simples e 5 tomadas;
Sala de estar – luzes indiretas com 4 chaves simples;
Sala de estar – 1 arandela com 1 chave simples;
Sala de jantar – 1 ponto de luz com 2 chaves simples e 3 tomadas;
WC – 1 ponto de luz e 1 chave simples;
WC – 2 arandelas com 1 chave simples;
Copa – 1 ponto de luz com 1 chave simples e 3 tomadas;
Cozinha – 1 ponto de luz com 1 chave simples e 3 tomadas;
Cozinha – 1 ponto para exaustor com 1 chave simples;
Dormitório 1 – 1 ponto de luz com 1 chave simples e 3 tomadas;
Dormitório 2 – 1 ponto de luz com 1 chave simples e 3 tomadas;
Dormitório 3 – 1 ponto de luz com 1 chave simples e 2 tomadas;
Passagem – 1 ponto de luz com 2 chaves paralelas e 1 tomada;
Banheiro 1 – 1 ponto de luz com 1 chave simples e 1 tomada;
Banheiro 1 – 2 arandelas com 1 chave simples;
Banheiro 2 – 1 ponto de luz com 1 chave simples e 1 tomada;
Banheiro 2 – 2 arandelas com 1 chave simples;
Recreio – 2 arandelas com 1 chave simples;
Quintal – 1 arandela com 1 chave simples.

Edículas

Garagem – 1 ponto de luz com 1 chave simples e 1 tomada;
Quarto 1 – 1 ponto de luz com 1 chave simples e 1 tomada;
Quarto 2 – 1 ponto de luz com 1 chave simples e 1 tomada;
Tanque – 1 ponto de luz com 1 chave simples e 1 tomada;
WC – 1 ponto de luz com 1 chave simples.

Instalação para campainhas

Haverá 1 campainha na copa, acionada do portão da rua.

No quarto de empregada, haverá uma outra campainha, com chamada da cozinha.

Instalação para chuveiros elétricos

Haverá pontos para chuveiros elétricos em todos os postos de ducha (banheiro n° 1, banheiro n° 2 e WC de empregada), com circuitos de 220 volts, direto do quadro de distribuição.

Instalação de antena para tv

No *living,* será feito um ponto para televisão, em tubulação seca até o forro, onde o fornecedor da antena para TV fará a sua instalação.

Instalação para a ligação de telefones

Está prevista, nesta proposta, a instalação de 2 pontos para telefone: 1 no *hall* de entrada e outro no dormitório principal, sendo a instalação executada conforme normas da telefonia, sendo que a caixa de entrada será colocada ao lado da caixa de luz.

MATERIAIS

Fica sob minha responsabilidade o fornecimento de: eletrodutos rígidos nacionais ou eletrodutos plásticos; fios com isolação para 600 volts, do tipo plástico; caixas estampadas de chapa n° 18; chaves de plástico, marrom; tomadas do tipo universal, marrom; chapas de plástico marfim; campainha da Sincron; poste em tubo galvanizado; caixa de luz na entrada, de ferro; no forro, os fios fixados sobre roldanas de porcelana.

PREÇO

Todos os serviços acima descritos serão executados pela importância de R$ 6.000,00 (seis mil reais).

FORMA DE PAGAMENTO

50% no término da tubulação.

30% ao passar os fios.

20% na entrega dos serviços.

Todos os pagamentos serão cobrados por emissão de faturas.

Nota: Não está previsto nesta proposta o fornecimento de aparelhos de iluminação, despesas com as companhias concessionárias, chuveiros elétricos e aparelhos elétricos em geral.

Todos os serviços que forem executados fora da presente proposta serão tratados à parte.

Faz parte desta proposta uma planta anexa indicativa da posição dos pontos, tomadas e interruptores, bem como dos diversos circuitos.

Sem mais, aguardando as suas prezadas ordens, subscrevo-me.

Atenciosamente,

....

As condições de pagamento nos parecem um pouco favoráveis para o empreiteiro e sugerimos a modificação para:

a. 40% ao término da tubulação;
b. 30% ao término da enfiação;
c. 30% na entrega da obra. (Melhor ainda, 10 dias após a entrega.)

Nessa empreitada, mais ainda do que a de pedreiro, necessitamos assegurar a continuidade e rapidez dos trabalhos, e o melhor método para tal é sempre mantermos o empreiteiro em crédito, isto é, com importâncias a receber que dependam da terminação dos serviços; assim conseguimos um aliado e não um adversário no nosso objetivo de realizar os trabalhos num prazo justo.

Ficando o fornecimento dos materiais por conta do empreiteiro, é necessária uma eficiente fiscalização para a verificação da qualidade desses materiais, de acordo com as especificações de contrato.

CONTRATO PARA OS SERVIÇOS DE HIDRÁULICA

O modelo que tomamos para exemplo se refere à construção de edifício de apartamentos e lojas com 8 pavimentos: térreo, 6 andares-tipo e um pavimento para casa do zelador.

Nesse modelo, a empresa contratada fornecerá, além de toda a mão de obra necessária para água, gás e esgoto, todo o material bruto, isto é:

a. tubos galvanizados;
b. tubos de ferro fundido;
c. tubos de cimento-amianto;
d. tubos de chumbo;
e. conexões galvanizadas;
f. conexões de ferro fundido;
g. conexões de cimento-amianto;
h. registros de gaveta;
i. ralos;
j. caixas sifonadas;
k. torneira de boia;
l. válvula de descarga (hidra ou similar);
m. diversos: chumbo em lingote, estopa, zarcão, solda etc.

Não se incluem os trabalhos e materiais para águas pluviais, porque, nessa fase do contrato, ainda não se acham projetadas.

A condução das águas das chuvas de coberturas para o solo, após o estudo, será orçada à parte.

No modelo 4, não se encontram indicadas as condições de pagamento. Como orientação, poderíamos projetar as seguintes parcelas:

a. para término da tubulação de água e esgoto: 60%, ou seja, 7,5% por pavimento, já que são 8 pavimentos;

b. para entrega do serviço: 30%, ou seja, 3,75% por pavimento;

c. 30 dias após a entrega, o saldo dos 10% que ficaram como garantia para a verificação do perfeito funcionamento.

Modelo 4:

São Paulo, 12 de abril de 2000.

Ilma. Sra. Catarina C. Comenelli

A/C do Eng° Mário Pereira Barroso

Capital

Proposta 017-00

Prezada Senhora:

Atendendo ao pedido verbal de V. Sa., referente aos serviços de hidráulica a serem executados na obra em construção à Alameda Nothman, s.n., proponho os seguintes serviços:

Todos os trabalhos serão executados de acordo com o memorial a seguir descrito, segundo os regulamentos da Sabesp, cabendo-me toda a assistência técnica até o término dos serviços.

MEMORIAL DESCRITIVO

O projeto das instalações hidráulicas do edifício a ser construído no endereço acima descrito, nesta capital, foi elaborado segundo as plantas e informações fornecidas por V. Sa., apresentando as seguintes características: edifício de apartamentos com um total de 8 pavimentos como segue:

Pavimento 1 — 2 lojas e entrada do edifício
Pavimento 2 — 5 apartamentos
Pavimento 3 — 5 apartamentos
Pavimento 4 — 5 apartamentos
Pavimento 5 — 5 apartamentos
Pavimento 6 — 5 apartamentos
Pavimento 7 — 5 apartamentos
Pavimento 8 — 1 apartamento do zelador
Total de 31 apartamentos e 2 lojas.

DISTRIBUIÇÃO

a. entradas de água da rua;
b. distribuição de água das lojas;
c. distribuição de água do depósito superior;
d. distribuição das colunas de água dos banheiros;
e. distribuição das colunas de água para os aquecedores;
f. distribuição dos sub-ramais das colunas dos banheiros;
g. distribuição dos aquecedores;
h. rede de águas servidas (esgotos);
i. gás.

Entradas de água da rua

Foram previstas, para o abastecimento de água nesse prédio, 3 entradas de água, sendo 1 em cada loja e outra para os apartamentos. A entrada de água dos apartamentos alimentará um reservatório subterrâneo recalcado por bombas para o reservatório superior, sendo essa instalação em tubos galvanizados de 25 mm.

Distribuição de água das lojas (cada loja)

Do cavalete que será instalado ao lado da entrada da loja partirá uma linha em tubos galvanizados de 19 mm para alimentar: 1 ponto de torneira de lavagem na loja; 1 ponto para filtro no terraço; 1 ponto para o tanque no terraço e 1 ponto para o depósito de água de 500 litros do WC.

DISTRIBUIÇÃO DO DEPÓSITO

Do depósito que será instalado sobre o WC partirão 2 linhas de alimentação, com as seguintes distribuições:

Linha 1: Será em tubo galvanizado de 25 mm para alimentar a ducha, tendo 1 registro de gaveta de metal polido para controle. Dessa mesma linha partirá um ramal em tubos galvanizados de 19 mm para alimentar: 1 ponto para a caixa de descarga, 1 ponto para torneira de lavagem.

Linha 2: Será em tubos galvanizados de 25 mm para proteção contra derrames, sendo conjugado o tubo de limpeza, tendo registro de gaveta em metal polido para controle.

Distribuição de água do depósito superior

Do depósito superior (2 de 7.500 litros, conjugados entre si por meio de barrilete de 75 mm, tendo registro de gaveta em cada caixa) partirão 5 linhas em tubos galvanizados de 63 mm. Essas linhas alimentarão 5 colunas d'água, tendo cada coluna 1 registro de gaveta de controle, no forro, e alimentarão as distribuições a seguir:

Distribuição das colunas de água dos banheiros

Coluna 1: Será em tubos galvanizados de 63 mm, reduzindo para 50 mm, e alimentará 6 banheiros.

Coluna 2: Será em tubos galvanizados de 63 mm, reduzindo para 50 mm, e alimentará 6 banheiros.

Coluna 3: Será em tubos galvanizados de 63 mm, reduzindo para 50 mm, e alimentará 7 banheiros.

Colunas 4 e 5: Serão em tubos galvanizados de 63 mm, reduzindo para 50 mm, e alimentará 6 banheiros.

Distribuição das colunas de água para os aquecedores

Coluna 1: Será em tubos galvanizados de 38 mm, reduzindo para 32 mm, e alimentará 6 banheiros.

Coluna 2: Será em tubos galvanizados de 38 mm, reduzindo para 32 mm, e alimentará 6 banheiros.

Coluna 3: Será em tubos galvanizados de 38 mm, reduzindo para 32 mm, e alimentará 7 banheiros.

Coluna 4: Será em tubos galvanizados de 38 mm, reduzindo para 32 mm, e alimentará 6 banheiros.

Distribuição dos sub-ramais das colunas dos banheiros

Em cada banheiro haverá a seguinte distribuição: da coluna alimentadora partirá um ramal em tubos galvanizados de 38 mm, que alimentará a válvula de descarga automática, tendo registro de gaveta de metal polido para controle. Dessa mesma linha partirá um ramal em tubos galvanizados de 19 mm, tendo registro de gaveta de controle e alimentará: 1 ponto para o misturador da ducha, 1 ponto para o misturador do lavatório, 1 ponto para o misturador do bidê, 1 ponto para torneira de lavagem, 1 ponto para o filtro na *kitchenette* e 1 ponto para a pia da *kitchenette*.

Distribuição dos aquecedores

Dos aquecedores (gás sob alta pressão) partirá uma linha em tubos galvanizados de 19 mm e alimentará: 1 ponto para o misturador da ducha, 1 ponto para o misturador do bidê e 1 ponto para o misturador do lavatório.

Rede de águas servidas (esgotos)

Serão montadas duas redes em tubos de barro vidrado de 100 mm, com ramais em tubos de barro vidrado de 75 mm, para fazer coleta de águas servidas de todos os aparelhos sanitários anteriormente descritos, inclusive ralos nas lojas, WC e banheiros. As colunas de águas servidas serão em tubos de ferro fundido, com ramais nos pisos dos banheiros em tubos galvanizados de 50 mm ou 38 mm. A ventilação será em tubos de fibrocimento de 75 mm, tanto para as colunas, como para a ventilação paralela.

Gás

Em cada apartamento haverá um ponto para gás, sendo a instalação executada conforme normas da companhia de gás, com um total de 31 medidores.

MATERIAL

Todos os materiais abaixo serão por mim fornecidos:

- tubos: galvanizados, ferro fundido, PVC;
- conexões: galvanizadas, ferro fundido e PVC;
- registros: de gaveta de metal polido, pressão com canopla niquelada;
- ralos: de cobre com grelhas niqueladas;
- caixas sifonadas: de cobre com grelhas niqueladas;
- torneiras de boia;
- válvulas de descargas Hidra ou congênere;
- chumbo em lingote, estopa, zarcão, solda etc.

EXECUÇÃO

Todos os serviços serão executados de modo a se obter o melhor rendimento técnico e perfeito funcionamento. Todas as peças serão rosqueadas com estopa e fio plástico especial, sendo a instalação experimentada antes de ser coberta, a fim de evitar futuros vazamentos.

PREÇO

Todos os serviços constantes nesta proposta serão executados pela importância de R$ 14.000,00 (quatorze mil reais).

FORMA DE PAGAMENTOS

A combinar.

Nota: não está previsto, nesta proposta, o fornecimento de aparelhos sanitários, os metais pertencentes aos mesmos, torneira, sifões, águas pluviais, assim como despesas com o Serviço de Abastecimento de Água e Prefeitura.

Todos os serviços que forem executados fora da presente proposta serão tratados à parte.

Sem mais, aguardando as suas prezadas ordens, subscrevo-me.

Atenciosamente

....

Esse exemplo se refere a um contrato de maior valor que os anteriores e, portanto, exige a escolha de empresa com certa tradição e boa capacidade financeira.

A maior vantagem na entrega desses trabalhos por empreitada consiste na certeza de fixação do preço global, independente da natural oscilação em nossos meios. E necessário que a empresa contratada tenha capital para que possa responder pela manutenção do preço tratado; isso é possível porque a empresa, possuindo capital próprio, adquire ou pelo menos "fecha negócio" com os fornecedores da maioria dos materiais necessários, garantindo assim os preços.

No entanto, nas construções menores (residências), há a possibilidade da contratação de práticos-encanadores que, para essas obras, têm capacidade suficiente, tanto técnica (sob fiscalização) como comercial, para se responsabilizarem pelo serviços. São os chamados "encanadores habilitados".

CONTRATO PARA MÃO DE OBRA DE PINTURA

Também nesse setor é mais comum a empreitada global, isto é, mão de obra e material. Tendo em vista que os materiais necessários são muito variados, de pequeno volume e peso e, no entanto, de grande valor, torna-se problemática uma fiscalização eficiente contra recibo. Nas pequenas obras, ainda se acresce a falta de um empregado (apontador) especialmente destacado para esse controle. Por esse motivo, entregaremos também o encargo de fornecimento dos materiais ao empreiteiro-pintor.

Em serviços de maior vulto, torna-se mais vantajoso o contrato apenas de mão de obra, já que desaparecem alguns dos inconvenientes anteriores; a presença de um apontador na construção, e até de um almoxarifado, faz o controle ser mais eficaz. Por outro lado, a compra de materiais, em grande quantidade, poderá ser feita nas próprias fábricas, com sensível economia.

É hábito também exigir-se, por contrato, que o empreiteiro forneça as ferramentas necessárias para seu trabalho: escadas, escovas, barricas para queima de cal etc.

A seguir, damos um modelo de contrato geral: mão de obra e materiais.

CONTRATO PARA SERVIÇOS DE PINTURA A SEREM EXECUTADOS NA OBRA NA

Rua.. nº...........................

Contratante: Proprietário, Sr. ....

residente na Rua.. nº...........................

Contratado: Empreiteiro, Sr. ....

com escritório na Rua .... nº...........................

registro nº ....

O presente contrato se refere a serviços de mão de obra, fornecimento de todos os materiais necessários e de todas as ferramentas pelo empreiteiro.

DESCRIÇÃO DO SERVIÇO

1. *Acabamento a cal*. Serão caiadas as paredes externas em geral, inclusive beirais; as paredes da cozinha, copa e banheiros acima da barra de azulejos; os forros internos em geral; as paredes da lavanderia e da garagem acima dos azulejos e da barra impermeável; os forros das edículas em geral. A caiação receberá um mínimo de três demãos ou mais, se for necessário, até a completa cobertura.
2. *Acabamento com tinta à base de látex*. Receberão esse acabamento as paredes da sala, *hall* e dormitórios, desde o piso até a altura do forro. A preparação da parede será com uma demão inicial de caiação e uma mão de sabão; a seguir, será aplicada massa de têmpera batida à escova; finalmente, duas demãos de tinta à base de látex; cores a escolher.
3. *Acabamento com massa de têmpera batida à escova*. As paredes do dormitório da edícula receberão este acabamento: uma demão de cal, sabão, massa de têmpera batida à escova, já na cor definitiva; caso a cor não fique uniforme, receberá demão de têmpera líquida.
4. *Caixilhos de ferro*. O tratamento e acabamento das esquadrias de ferro constará de:

   a. limpeza geral inicial;
   b. lixar para tirar a ferrugem;
   c. uma ou duas demãos de zarcão;
   d. uma demão de tinta a óleo fosca (base);
   e. uma ou duas demãos de tinta esmalte de secagem rápida.

5. *Esquadrias de madeira*. As esquadrias internas serão terminadas a esmalte polido com a seguinte sequência:

   a. lixar;
   b. uma demão de massa grossa;
   c. lixar;
   d. uma demão de tinta de base (óleo);
   e. aplicação de massa corrida;
   f. lixar sobre cavaletes;
   g. uma demão de tinta a óleo fosca;
   h. uma demão de tinta esmalte.

Na superfície, não deve aparecer nenhuma irregularidade, inclusive pó em aderência na tinta.

As esquadrias de madeira externas (ou face externa) serão terminadas a óleo:

a. lixar;
b. uma demão de massa grossa;
c. lixar;
d. uma demão de tinta a óleo fosca;
e. uma demão de tinta esmalte de secagem rápida.

6. Calhas e conduites serão pintados a óleo, acabamento igual às esquadrias de ferro.
7. Os rodapés de madeira serão encerados.
8. Todos os muros e muretas externas serão caiados.

MATERIAIS

Caberá ao empreiteiro o fornecimento de todo o material necessário: tintas prontas, cal, alvaiade, gesso, aguarrás, óleo de linhaça, secante, lixas etc. Todo o material deverá ser de boa qualidade, marcas conhecidas e tradicionais na praça, sob verificação de engenheiro. Qualquer material de má qualidade poderá ser vetado pelo engenheiro, devendo o pintor sustar seu uso.

FERRAMENTAS

Caberá ainda ao empreiteiro o fornecimento das ferramentas em geral necessárias: escadas, pincéis, brochas, vasilhames, escovas etc.

ENCARGOS DE LEIS SOCIAIS

Todos os encargos de leis sociais são de responsabilidade integral do empreiteiro. Será exigido o seguro contra acidentes de trabalho; para tal, o empreiteiro deverá exibir a apólice no ato de assinatura deste contrato, bem como renovar o seguro, se este vencer dentro do prazo de execução do serviço.

Compreende-se que a necessidade de retoques, provocados por outras mãos de obra, é normal e não deverá ser cobrada como trabalho extraordinário.

Qualquer serviço fora deste contrato será pago como extra, devendo haver entendimento prévio entre as partes.

PRAZO

O serviço será iniciado quando for determinado pelo engenheiro, dependendo do andamento da obra; porém, o início do trabalho não poderá ser retardado por mais de 120 (cento e vinte) dias; caso contrário, o empreiteiro terá direito de reestudar o preço deste contrato. O prazo de conclusão será de 60 (sessenta) dias. Decorrido esse prazo, sem conclusão, ficará o proprietário desobrigado do cumprimento deste contrato, podendo rescindi-lo sem indenização ao empreiteiro; o prazo não terá valia se atrasos de outras mãos de obra impedirem este empreiteiro de concluir a sua.

PREÇO E CONDIÇÕES DE PAGAMENTO

O preço contratado é de R$ 15.000,00 (cinco mil reais), que serão pagos nas seguintes parcelas:

a. 40% quando o serviço estiver pela metade, a juízo e critério do engenheiro;
b. 40% no final dos trabalhos;
c. 20% decorridos 15 dias da entrega dos trabalhos, depois de feitos eventuais retoques exigidos pelo engenheiro.

....

O proprietário O empreiteiro

....

Testemunha

COBRANÇA DE PINTURA POR PREÇOS UNITÁRIOS

Um assunto, que é sempre controvertido, na prática, é a forma de medição para trabalhos de pintura quando o contrato é feito por preços unitários, isto é, por metro quadrado de cada tipo de acabamento.

Tentaremos expor a modalidade mais em voga e aproveitando abordaremos os preços em uso; naturalmente, em virtude da inflação cujos índices hoje são menores, porém ainda não desapareceram, procuraremos uma forma de tornar possível seu reajuste aproximado em qualquer tempo.

Supondo o salário-mínimo de R$ 415,00 (em números redondos):

$$\text{Chamemos } a = \frac{\text{salário mínimo}}{100}$$

$$\text{portanto } a = \frac{\text{R\$ } 136{,}00}{100} = 1{,}36$$

Todos os preços a seguir serão formulados em função de a. Dessa forma, no futuro, bastará atualizar o valor de a para se ter preços atualizados:

Nota: Preços incluindo mão de obra, materiais, ferramentas e leis sociais.

1. remoção de pintura antiga de cal em paredes ou forro de estuque .... 0,2 a/m^2
2. remoção de pintura a óleo ou verniz, em esquadrias de ferro ou madeira .... 0,8 a/m^2
3. caiação em paredes externas até a altura de 7,5 m .... 0,45 a/m^2
4. caiação em paredes acima de 7,5 m (preço variável conforme condições locais)
5. caiação em paredes internas .... 0,4 a/m^2
6. caiação em forros .... 0,45 a/m^2
7. têmpera simples .... 0,6 a/m^2
8. têmpera com gesso e cola (batida à escova) .... 0,7 a/m^2
9. látex simples .... 1,8 a/m^2
10. látex sobre massa corrida .... 3,2 a/m^2
11. portas de madeira enceradas .... 1,7 a/m^2
12. portas de madeira envernizada a pincel .... 1,8 a/m^2
13. portas de madeira envernizada à boneca .... 2,2 a/m^2
14. óleo ou esmalte sem massa sobre portas de madeira .... 2,2 a/m^2
15. meio esmalte sobre portas .... 3,5 a/m^2
16. esmalte sobre massa corrida nas portas de madeira .... 3,8 a/m^2
17. esmalte puro com portas sobre cavaletes (laqueação) .... 8 a/m^2
18. esquadria de ferro com uma demão de zarcão e duas de óleo .... 2,2 a/m^2

19. idem sem zarcão .... 2 a/m^2
20. esmalte sintético sobre esquadria de ferro (uma demão de zarcão e duas de esmalte) .... 2,8 a/m^2
21. grafite em esquadria de ferro (duas demãos) .... 2 a/m^2
22. verniz sobre persianas, venezianas e janelas de madeira .... 2,2 a/m^2
23. óleo sobre as mesmas peças .... 2,5 a/m^2
24. meio esmalte sobre as mesmas peças .... 2,5 a/m^2
25. esmalte sobre as mesmas peças .... 3 a/m^2
26. calhas, condutores e rufos (uma demão de zarcão e duas de óleo) .... 1,4 a/m linear
27. idem sem zarcão .... 1 a/m linear
28. rodapés com verniz e pincel .... 0,8 a/m linear
29. rodapés com verniz à boneca .... 1 a/m linear
30. rodapés esmaltados sem massa corrida .... 1,2 a/m linear
31. rodapés esmaltados com massa corrida .... 1,5 a/m linear
32. rodapés a óleo sem massa corrida .... 1 a/m linear

Todos esses preços exigem uma explicação para o critério de medição, assim temos:

1. Nas caiações e têmperas em geral, os vãos de portas e janelas não são descontados, para compensar o trabalho de requadrá-los convenientemente.
2. As esquadrias de madeira terão sua área multiplicada por 3; por exemplo, uma porta com vão livre de 2,1 m × 0,8 m, acabada com esmalte polido (preço 3,8 a/m^2), terá o seguinte preço total:

$$2{,}1 \text{ m} \times 0{,}8 \text{ m} = 1{,}68 \text{ m}^2$$
$$3 \times 1{,}68 \text{ m}^2 = 5{,}04 \text{ m}^2$$
$$\text{preço } 5{,}04 \times 3{,}08a = 19{,}15a$$

   para o valor de a = R$ 4,15 teremos

$$19{,}15 \times \text{R\$ } 4{,}15 = \text{R\$ } 79{,}47.$$

3. Pinturas sobre janelas de madeira compostas de vidraça e venezianas terão sua área multiplicada por 5 (2 para a vidraça e 3 para a veneziana).
4. Pinturas sobre esquadrias de ferro terão sua área do vão livre multiplicada por 2.

OUTROS TRABALHOS

Quando se trata de contratar serviços de pequena duração e vulto, isto é, para serviços que, apesar de importantes e especializados, são rápidos e de custo reduzido, não é hábito a elaboração de contrato. São trabalhos como os de assentamento de tacos, ladrilhos, pastilhas, pedras etc. Podemos apenas solicitar uma proposta por escrito, que ficará funcionando como roteiro para controle das condições de trabalho. O inconveniente principal será a ausência de seguro contra acidentes que, se ocorrer, estará sob a responsabilidade do engenheiro construtor; tais operários poderão, porém, estar cobertos pelo seguro de outro empreiteiro, principalmente pelo de mão de obra de pedreiro, que é a de maior vulto.

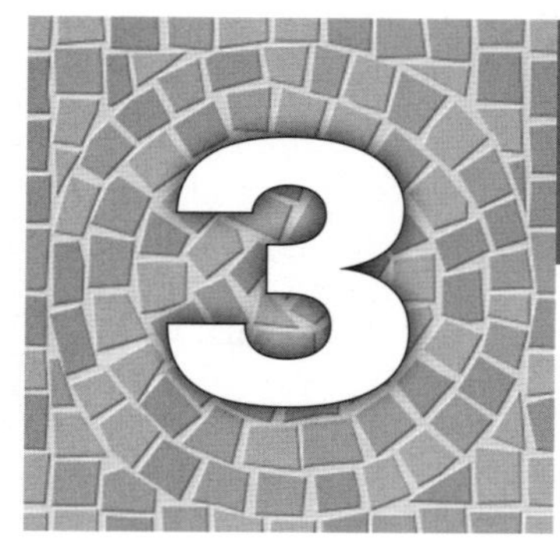

Formas de cobrança do engenheiro ao cliente

Faturamento
Controle das despesas da obra e Notas

Desde o início deste capítulo devemos separar as obras de acordo com as modalidades de contrato, tendo cada uma delas um tipo de controle e cobrança diferentes:

a. por administração;
b. por empreitada;
c. preço-alvo.

CONTROLE DE DESPESAS NAS OBRAS POR ADMINISTRAÇÃO

Já vimos, nos capítulos anteriores, que a responsabilidade pelos pagamento nas obras por administração pertencem ao proprietário ou cliente. Isso, porém, não retira do engenheiro a obrigação de controlar toda a documentação comercial da obra, salvo se condições expressas no contrato assim o determinarem. O mais comum é o cliente estar impossibilitado de exercer esse controle, por falta de conhecimento ou por falta de tempo disponível, preferindo, portanto, encarregar o engenheiro de tal trabalho.

Os documentos fiscais, que resultam da compra ou venda de uma mercadoria, são três:

a. nota fiscal;
b. boleto bancário (quando o pagamento será feito em banco);
c. boleto em carteira.

Nota fiscal

É emitida pela empresa fornecedora, em papel impresso e numerado. Essa numeração não pode ser repetida, por imposição da fiscalização estatal. Por esse fato, o número de uma nota é o seu principal motivo de identificação, já que não haverá outra da mesma empresa com número igual.

No exemplo, destacamos, numerados de 1 a 9, os pontos principais que serão preenchidos pela empresa fornecedora, e que devem ser verificados pelo engenheiro.

1. Nome completo do proprietário ou cliente.
2. Endereço do engenheiro, sede para o recebimento da correspondência.
3. Endereço da obra; local para onde devem ser remetidas as mercadorias.
4. Quantidade e descrição do material.
5. Preço unitário (de acordo com o combinado no ato do pedido).
6. Preço total (quantidade × preço unitário).
7. Valor subtotal da nota.
8. Valor total da nota incluindo IPI.
9. Imposto de circulação de mercadorias (ICMS).

A nota fiscal deverá ser preenchida em diversas vias e não poderá existir diferença de redação entre as vias. O número de vias dependerá do sistema contábil da empresa vendedora, porém será num mínimo de três; a primeira via deverá acompanhar o material até o local da obra, por lei do poder estatal (nenhuma mercadoria pode transitar sem estar acompanhada pela nota fiscal). Caso o veículo de transporte tenha de ultrapassar qualquer ponto de barreira fiscal, a mercadoria, deverá, também, estar acompanhada pela segunda via da nota, que ficará retida no posto fiscal. As barreira fiscais são distribuídas pelo governo estadual em locais de grande movimentação, principalmente entradas de grandes cidades e passagem entre estados, para fiscalização contra o trânsito de mercadorias sem notas. Quando a segunda via não ficar retida nas barreiras ou postos fiscais, será encaminhada ao engenheiro. A terceira via deverá ser arquivada, nos escritórios da empresa vendedora, à disposição de qualquer fiscalização, em qualquer tempo (até 5 anos, limite de prescrição fiscal).

Ladeira Gal. Furtado de Almeida, 348 – CEP 34545-098 – São Paulo – SP
Telefone: 11 8312-7788 http://www.choupana.choupana.com.br

NOTA FISCAL
[X] Saída
[ ] Entrada

N.º 03434

CNPJ/CPF 90.895.384/0001-07

1ª VIA DESTINATÁRIO/ REMETENTE

Inscrição Estadual 115.439.021.119

Data limite e/emissão 00/00/0000

NATUREZA DA OPERAÇÃO	CFOP	Nº DE I.EST.SUBS.TRIB.
Venda de mercadoria		

DESTINATÁRIO / REMETENTE

NOME/RAZÃO SOCIAL ❶			CNPJ/CPF	DATA DA EMISSÃO
Construtora Expoente Ltda.			*15.321.453/0001-51*	*21.09.2008*
ENDEREÇO BAIRRO/DISTRITO ❷			CEP	DATA SAÍDA/ENTRADA
Rua Baluarte, 56 - V.Olímpia			*04321-537*	*21.09.2008*
MUNICÍPIO	FONE/FAX	U.F.	INSCRIÇÃO ESTADUAL	HORA DA SAÍDA
São Paulo	*532-4545*	*SP*	*115.432.783.118*	

DESDOBRAMENTO DE DUPLICATAS	NÚMERO	VALOR	VENCIMENTO	NÚMERO	VALOR	VENCIMENTO

DESTINATÁRIO / REMETENTE

CÓD. PROD.	DESCRIÇÃO DAS MERCADORIAS ❹	CLASS.	SIT.	UNID.	QUANTIDADE	VALOR UNITÁRIO ❺	VALOR TOTAL ❻	ALIQ. I.P.I.
	Vergalhões, CA-60, diâmetro 4,2 mm			*kg*	*135*	*0,97*	*130,95*	*5*
	Vergalhões GG-50, diâmetro 10 mm			*kg*	*520*	*0,90*	*468,00*	*5*
	Vergalhões GG-50, diâmetro 12,5 mm			*kg*	*290*	*0,88*	*255,20*	*5*
	Arame recozido Gerdau BWG 18			*kg*	*40*	*1,40*	*56,00*	*5*
	Malha POP Tipo reforçado (2 m x 3 m)			*m^2*	*180*	*1,23*	*221,40*	*5*
	Colunas POP 9cm x 14cm—10 mm			*m*	*90*	*3,10*	*279,00*	*5*
	Colunas POP 10cm x 20cm—10 mm			*m*	*50*	*3,60*	*180,00*	*5*
	Estribos Gerdau 12cm x 27cm—5 mm			*Unid.*	*250*	*0,18*	*45,00*	*5*
❸	*Local de entrega: o mesmo do destinatário*							

CÁLCULO DO IMPOSTO

BASE DE CÁLCULO	VALOR DO ICMS ❾	BASE CÁL. ICMS. SUBSTITUIÇÃO	VALOR DO ICMS. SUBSTITUIÇÃO	VALOR TOTAL DOS PRODUTOS ❼
12%/1.717,32	*206,07*	*0*	*0*	*1.635,55*
VALOR DO FRETE	VALOR DO SEGURO	OUTRAS DESPESAS ACESSÓRIAS	VALOR TOTAL DO I.P.I.	**VALOR TOTAL DA NOTA** ❽
0	*0*	*0*	*81,77*	*1.717,32*

TRANSPORTADOR / VOLUMES TRANSPORTADOS

NOME/RAZÃO SOCIAL			FRETE POR CONTA 1- EMITENTE 2- DESTINATÁRIO	PLACA DO VEÍCULO	U.F.	CNPJ/CPF
Caminhão próprio						
ENDEREÇO			MUNICÍPIO		U.F.	INSCRIÇÃO ESTADUAL
QUANTIDADE	ESPÉCIE	MARCA	NÚMERO	PESO BRUTO		PESO LÍQUIDO
				1.674 kg		*1.674 kg*

DADOS ADICIONAIS

CLASSIFICAÇÃO FISCAL	CÓD. SITUAÇÃO TRIBUTÁRIA	VENDEDOR	RESERVADOR AO FISCO
A. 02721420-0870	1. PROD. NAC. TRIB.		
B.	2. PROD. NAC. S/TRIB.	Nº PEDIDO	
C.	3. PROD. ESTRANG.		
D.	4. EXPORTAÇÃO	S/ PEDIDO	
E.	5. __________		
F.			CÓDIGO DO POSTO FISCAL: P.F.C. 370

GRÁFICA SEBASTIÃO PREGO — RUA DO MARTELO 560 — FONE 939-0990 — INSC. EST. 129.239.459.114 — CNPJ 88.348.883/0001-09 — 50 BLOCOS X 6 VIAS — 03251 A 03500 — AUT. 2903904/SP

Recebi(emos) as mercadorias constantes da nota fiscal ao lado

Data do recebimento ________________ Assinatura e identificação ____________________

N.º 03434

Boleto bancário

Quando a empresa vendedora pretende receber a nota fiscal, por meio de depósito bancário, emite um boleto bancário que será entregue ao comprador juntamente com a nota fiscal ou enviada pelo correio.

Boleto em carteira

Quando a empresa vendedora não quer receber, por meio de um banco, ela emite um boleto de pagamento, que fica em sua posse para ser pago na data do vencimento.

Os boletos bancários são um documento de recebimento, em que, além das informações do banco, informa o nome do Cedente, do Comprador (sacado), e, em alguns casos, a multa a ser cobrada, caso haja atraso no vencimento.

Este boleto bancário tem um código de barras, para uso do banco. Segue modelos de nota fiscal e boleto bancário.

Controle de despesas

Já que temos conhecimento dos documentos fiscais que se seguem à compra de um determinado material, podemos estudar a forma de verificação mais adequada.

Sabemos que a mercadoria vai para a obra acompanhada por uma ou duas vias da nota fiscal. A primeira via desta nota tem "canhoto" ou apenso que deverá ser assinado pelo recebedor do material, depois de proceder à verificação da exatidão da mesma. Caso note qualquer erro, deverá recusar o recebimento do material quando o engano for de certa monta na quantidade. Quando o erro for de pouca importância poderá aceitar, porém deverá indicar no canhoto o erro, assinando-o a seguir. Essas notas serão recolhidas pelo engenheiro em suas visitas habituais, encaminhadas para o escritório e deverão ser guardadas em pastas apropriadas. Geralmente tais pastas têm na sua capa os seguintes dizeres:

NOTAS

Obra: Rua .... nº .... Bairro ....

Proprietário ....

Em obras de pequeno vulto, as notas poderão ser guardadas sem qualquer classificação, pois a sua permanência em tal pasta é temporária. Porém, em serviços de grande monta, já que a quantidade de notas poderá ser grande, convém catalogá-las pela ordem alfabética do nome do fornecedor ou empresa fornecedora, esperando a chegada do boleto. Quando esta é recebida, já que na mesma existe a referência do número das notas às quais corresponde, devemos anexá-las, isto é, juntar o boleto com as respectivas notas.

GRÁFICA VINI

Criação & Produção

ARTES GRÁFICAS VINI LTDA. ME

Rua Vitória do Mearim, 162 - Pq. São Lucas - 03243-080 - SP
vendas@graficavini.com.br viniaffo@uol.com.br
PABX: (11) 2115-8588

Nota Fiscal de Serviços
"Tributados" 1ª Via Branca 2ª Via Rosa 3ª Via Verde
Série "A" 4093

Rua Vitória do Mearim, 162 Pq. São Lucas
Município: São Paulo Estado: SP
CNPJ/CPF: 00.692.320/0001-50 *C.C.M.: 2.384.994-0*

Natureza da Operação: *Prestação de Serviço*
Prestação de Serviços de: *Mão-de-Obra*
Data de Emissão: 16 / Novembro / 09

USUÁRIO FINAL OU DESTINATÁRIO

Nome: Control Tec Engenharia Ltda.
Endereço: Rua Princesa Isabel, 1399 - Campo Belo
Município: SPaulo Estado: SP CEP: 04601.003
CNPJ/CPF (MF): 53.066.189/0001-81 Inscr. Est.:
C.C.M.: Cond. de Pagto.: 15 dias

QUANT.	UNID.	DESCRIÇÃO DOS SERVIÇOS	VALOR R$ UNITÁRIO	VALOR R$ TOTAL
200		Impressos em cartão de natal		179,00

NÃO VALE COMO RECIBO

TOTAL R$ 179,00

CARACTERÍSTICAS DOS VOLUMES

MARCA	NÚMERO	QUANT.	ESPÉCIE	PESO BRUTO	PESO LIQ.

A. G. Vini Ltda. ME - R. Vitória do Mearim, 162 - PABX: (11) 2115-8588 - CNPJ 00.692.320/0001-50 - CCM 2.384.994-0 - IE 114.431.623.118-ME - 05 Talões - 50x3 vias - 4.001 a 4.250 - AIDF 841 - 02/2009

Recebi (emos) de **Artes Gráficas Vini Ltda. ME.**,
os serviços constantes desta **Nota Fiscal de Serviços - Série "A"**

São Paulo, ________ de ______________ de ________ ______________________

Bradesco | 237-2 **Comprovante de Entrega**

Cedente	Agência/Código Cedente	Motivos de não entrega(para uso da empresa entregadora)
ARTES GRAFICAS VINI LTDA ME	00928-8 / 0045243-2	( ) Mudou-se ( ) Ausente ( ) Não existe n. indicado
Sacado: CONTROL ENGENHARIA LTDA	Nosso Número: 09/11/932001654-1	( ) Recusado ( ) Não procurado ( ) Falecido
Vencimento: 01/12/2009 — N. do Documento: 004093 — Espécie Moeda: R$	Valor do Documento: 179,00	( ) Desconhecido ( ) Endereço insuficiente ( ) Outros (anotar no verso)
Recebi(emos) o bloqueto — Data — Assinatura		Data — Entregador

Local de Pagamento BANCO BRADESCO S.A.
PAGAR PREFERENCIALMENTE EM QUALQUER AGENCIA BRADESCO.
Data de Processamento 15/11/2009

Bradesco | 237-2 **Recibo do Sacado**

Local de Pagamento BANCO BRADESCO S.A.
PAGAR PREFERENCIALMENTE EM QUALQUER AGENCIA BRADESCO.

Cedente
ARTES GRAFICAS VINI LTDA ME

Data do Documento	Nº do Documento	Espécie Doc.	Aceite	Data do Processamento
16/11/2009	004093	DS	Não	15/11/2009

Uso do Banco	Cip	Carteira	Espécie Moeda	Quantidade	x	Valor
08650	000	09	R$			

Instruções de Responsabilidade do Cedente ***** Valores expressos em R$ *****

Cont. Part.: 53.066.189/0001004093
APOS O VENCIMENTO COBRAR MULTA DE R$ 5,20
APOS O VENCIMENTO COBRAR JUROS DE R$ 0,80 POR DIA DE ATRASO

- **Pague este Título nas Agências Bradesco (ou através do Sistema Integrado de Compensação)**
- Após o 3o dia útil do vencimento, pagável somente na Agência Depositária Oficial, se houver indicação no "Local de Pagamento" desta papeleta e desde que não haja instruções contrárias do Cedente no espaço acima

237-2 **Recibo de Sacado**

Bradesco

Pagável nas agências Bradesco

Vencimento	01/12/2009
Agência / Código Cedente	00928-8 / 0045243-2
Cart./nosso número	09/11/932001654-1
1(=) Valor do documento	179,00
2(-) Desconto/abatimento	
3(-) Outras deduções	
4(+) Mora/Multa	
5(+) Outros acréscimos	
6(=) Valor cobrado	

Sacado: CONTROL ENGENHARIA LTDA CNPJ 053.066.189/0001-81
RUA PRINCESA ISABEL, 1399
04601-003 SAO PAULO SP
Sacador / Avalista

Autenticação Mecânica

Bradesco | 237-2 | 23790.92808 91193.200168 54004.524309 2 44380000017900

Local de Pagamento BANCO BRADESCO S.A.
PAGAR PREFERENCIALMENTE EM QUALQUER AGENCIA BRADESCO.

Cedente
ARTES GRAFICAS VINI LTDA ME

Data do Documento	Nº do Documento	Espécie Doc.	Aceite	Data do Processamento
16/11/2009	004093	DS	Não	15/11/2009

Uso do Banco	Cip	Carteira	Espécie Moeda	Quantidade	x	Valor
08650	000	09	R$			

Instruções de Responsabilidade do Cedente ***** Valores expressos em R$ *****

Cont. Part.: 53.066.189/0001004093
APOS O VENCIMENTO COBRAR MULTA DE R$ 5,20
APOS O VENCIMENTO COBRAR JUROS DE R$ 0,80 POR DIA DE ATRASO

Vencimento	01/12/2009
Agência / Código Cedente	00928-8 / 0045243-2
Cart. / Nosso Número	09/11/932001654-1
1(=) Valor do Documento	179,00
2(-) Desconto / Abatimento	
3(-) Outras Deduções	
4(+) Mora / Multa	
5(+) Outros Acréscimos	
6(=) Valor Cobrado	

Sacado: CONTROL ENGENHARIA LTDA CNPJ 053.066.189/0001-81
RUA PRINCESA ISABEL, 1399
04601-003 SAO PAULO SP
Sacador / Avalista:

ISO 9001

Autenticação Mecânica **Ficha de Compensação**

Esse conjunto passará para uma pasta onde deverá constar:

BOLETOS

Obra: Rua .... nº .... Bairro ....

Proprietário ....

Antes, porém, de guardar os boletos na sua pasta, devemos anotar os seus dados no "livro de vencimento". Esse livro é de uso particular do escritório, porque, no caso de administração, o comprador é o cliente e não o engenheiro; porém, o "livro de vencimento de boletos" representa um cuidado contra o esquecimento das datas de vencimento, que pode acarretar aborrecimentos, tanto para o engenheiro como para o cliente.

Podemos usar um livro comum com a seguinte tabela:

Data da anotação	Obra	Empresa	Número de boleto	Número das notas correspondentes	Data	Vencimento	Importância R$	Banco
					com desconto	líquido		
05/01/00	Jaceru	Napi E. Costa	10.743	37.247-38.443	05/02 (3%)	05/03	1.542,71	do Brasil

Aproveitamos para mostrar, como exemplo, que o referido boleto foi anotado em 15.06.00 e pertence à obra da Rua Jaceru, nº..... (para especificar a obra, podemos usar o nome da rua ou ainda o sobrenome do proprietário). O número do boleto é 10.743 e corresponde às notas números 37.427 e 38.443. Tem vencimento com desconto de 3% em 05/02 e líquido em 05/03. Valor total de R$ 1.542,71 e se encontra no Banco do Brasil, em cobrança.

Aguardaremos o recebimento do boleto correspondente; quando esta nos for entregue, devemos inicialmente proceder a uma verificação no registro anterior para corrigir alguma diferença com os dados do boleto. Verificada a exatidão do registro, podemos guardar o boleto em pasta própria, "boletos a pagar". Salvo em escritórios de grande movimento, essa pasta servirá para todas as obras, em conjunto, já que o número de boletos que vencem em cada mês é relativamente reduzido.

Resta agora efetuar o pagamento na data do vencimento.

Em resumo, o dever do engenheiro será o de verificar se os documentos de venda correspondem ao pedido e à entrega do material na obra. Desde que nesses pontos haja exatidão, o pagamento poderá ser efetuado.

A operação "pagamento" não é tão simples como possa parecer nas obras por administração e, portanto, merece algumas considerações.

Nessa modalidade de contrato, quem tem a responsabilidade comercial do pagamento é o cliente ou proprietário e, por isso, as notas e boletos são emitidos em seu nome. No entanto, as empresas fornecedoras, comumente, aceitam o pedido e entregam a mercadoria sem buscar informações do cliente, não por imprudência, mas porque confiam no engenheiro, que funciona como virtual intermediário e, por isso, nos boletos consta também o seu nome. O fato de o material ser entregue "aos cuidados" do engenheiro não obriga, "comercialmente" falando, o pagamento por este, caso o cliente não o faça; mas é inegável que existe uma responsabilidade moral pela qual devemos zelar. Um cliente que não salda seus compromissos colocará o engenheiro em dificuldade perante os fornecedores, já que estes recusarão crédito para novos pedidos, mesmo que sejam para outros clientes. O engenheiro tem, portanto, o dever de verificar previamente se o cliente está em condições econômicas de arcar com os pagamentos necessários para a realização a que se propõe.

Outro problema, que aparece na ocasião dos pagamentos de boletos, é o de quem o efetuará. O fato de o cliente ser responsável pelo pagamento não quer dizer que deva ser ele, ou seu emissário, o portador que levará boletos e importâncias ao banco para quitação. O cliente tem suas próprias atividades, com falta de tempo para os pagamentos. Geralmente, é o engenheiro que fará essa operação.

Se o próprio cliente se propõe como portador, deve o engenheiro enviar-lhe os boletos com cinco dias de antecipação da data de vencimento. É norma que tais boletos sejam enviados ao cliente, acompanhados de uma declaração de que o engenheiro está de acordo com o pagamento, porque foram verificados.

Caso seja o engenheiro o portador do pagamento, aparece o problema de ficar em seu poder, durante alguns dias, a importância necessária para as quitações. O cliente poderá se recusar a entregar uma importância da qual só terá recibo após alguns dias; por outro lado, o engenheiro não poderá dar um recibo provisório, pois está proibido, pela fiscalização estadual, de passar qualquer recibo sem a respectiva emissão da nota fiscal. Duas soluções aparecem e são normalmente utilizadas. Cerca de 5 a 10 dias antes do fim do mês (a maioria, quase a totalidade mesmo, dos boletos vence no último dia de cada mês), o engenheiro organiza e entrega ao cliente uma lista de duplicatas que deverão ser quitadas. Este fornecerá a importância necessária, contra uma declaração do engenheiro que poderá ser nos seguintes termos:

> "Declaro estar em meu poder a importância de R$ .... (também por extenso) para efetuar diversos pagamentos em nome do Sr ....(cliente), referentes à obra da Rua .... n° .... Dentro do prazo de 10 dias comprometo-me a entregar os recibos, de fornecedores e mão de obra, em nome do Sr. .... (cliente), correspondentes a esses pagamentos, quando esta declaração a mim será devolvida."

Esse documento, de caráter particular, terá, portanto, uma utilidade temporária, já que, no ato da entrega dos recibos ao cliente, será devolvido, perdendo o seu valor.

A segunda solução será a emissão de cheques nominais, pelo cliente, aos diversos credores; tais cheques serão visados. Esta segunda solução é mais trabalhosa, tanto para o cliente como para o engenheiro. O cliente deverá emitir cheque separadamente e na importância exata dos pagamentos. A prática mostra que, algumas vezes, são conseguidos descontos de última hora, modificando os totais a serem pagos e inutilizando os cheques emitidos. O pagamento deve ser feito pelo engenheiro aos fornecedores, contra um recibo ou boleto e quitação da fatura, vinculando esta quitação ao crédito do cheque. É, no entanto, a solução que evita a troca de documentos particulares, que poderá ser mal-interpretada pela fiscalização.

Surge também a hipótese de o engenheiro efetuar previamente os pagamentos com seu próprio capital, para depois ser reembolsado pelo cliente; essa não é uma boa solução por diversos motivos:

a. o engenheiro não é obrigado a ter capital necessário para essa operação;

b. o engenheiro não recebe juros desse capital, que deverá estar sempre disponível e pronto a ser utilizado;

c. em caso de o cliente, por qualquer motivo, não reembolsar as importâncias pagas, dificilmente se conseguirá reavê-las, já que foram pagas em nome do cliente.

Em última análise: o engenheiro não é contratado para financiar a obra.

Acreditamos que uma confiança mútua resolve o problema, devendo ser considerada indispensável não só aqui, mas também em quaisquer outras atividades normais da obra. Não se pode admitir que um cliente entregue trabalhos tão importantes a profissionais que não tenham sido recomendados por serviços anteriores, quando já tiveram oportunidade de demonstrar a sua correção.

Da mesma forma, o profissional deve conhecer suficientemente seu cliente, sua capacidade econômica, de modo que, esporadicamente, poderá pagar alguns de seus compromissos para ser posteriormente reembolsado, principalmente quando se tratar de dívidas que vençam em dias intermediários, fora do fim do mês.

RELAÇÃO DE DESPESAS – FATURAMENTO

O engenheiro cobra de um cliente emitindo uma fatura. É proibido pela fiscalização passar recibo que não corresponda a uma fatura emitida; isso porque o imposto sobre serviços devido ao Município é cobrado como uma porcentagem das importâncias faturadas no mês. Faremos referências a esse imposto no capítulo seguinte.

Vimos no capítulo 1 que, em geral, a remuneração profissional é uma porcentagem das despesas totais da obra. Nos casos normais, as despesas serão relacionadas no fim de cada mês, para que o engenheiro possa receber mensalmente a cota de sua remuneração, sendo as parcelas proporcionais às despesas do mês. Trata-se de uma modalidade de remuneração parcial, que satisfaz tanto ao cliente como ao engenheiro, porque corresponde ao ritmo de despesas na construção; dessa forma, o cliente não poderá queixar-se de estar avançando os pagamentos ao engenheiro, nem este precisará aguardar o final da obra para receber sua administração. De qualquer forma, é uma condição que deve ser expressa no contrato.

Para se apurar o total de despesas da obra num determinado mês, deve-se fazer a "relação de despesas". Estas não precisam ser redigidas em papel numerado, podendo ser utilizado papel timbrado ou mesmo em branco.

A seguir, damos um exemplo de "relação de despesas":

Obra: Rua n°

Proprietário: Sr. ....

Relação de despesas n° .... (este número, por comodidade, deverá coincidir com o número do boleto anexado).

Mês de .... de 20 .....

Relação das despesas efetuadas pelo Sr. .... (cliente), por meu intermédio, conforme relação de comprovantes abaixo, sobre cujo total está sendo cobrado apenas meu honorário de admininstração.

Número do comprovante	Empresa	Qualidade e número do documento anexo	Importância R$
1	José Ribeiro	Boleto n° 3.427	542,60
2	Serraria Nova Era	Recibo n° 32	1.231,50
3	Carpintaria Moema	Boleto n° 843	311,05
4	Casa do Varejo	Nota n° 37.425	82,00
		total	

Importa a presente relação em R$ ....(importância também por extenso)

Uma dúvida que sempre surge neste tipo de contrato é quais valores fazem parte do valor a ser relacionado, sobre o qual será cobrada a taxa de administração ajustada, visto que temos compras executadas, faturadas em diversas vezes, mas não entregue (por exemplo, algum equipamento de ar condicionado, comprado, faturado, mas pago em parcelas).

O mais correto será o pagamento da taxa, sobre todo o valor, pois o trabalho de cotação e compra já foi concluído.

A cobrança em uma só vez tem como objeção que o trabalho para tal serviço não foi concluído, e, portanto, não deve ser cobrado integralmente, mas o controle dessas parcelas é difícil, e os valores não são significativos.

Procuramos, nesse exemplo, abranger toda a variedade de comprovantes de despesas que poderão ser anexadas à relação. São eles:

a. notas;
b. recibos;
c. boletos.

Já vimos, anteriormente, que nas compras de maior vulto estarão em poder do engenheiro: notas e boletos. Porém, em pequenas compras (miudezas para a obra), poderão existir apenas notas de compra à vista, já que em importância muito pequena não comportará à empresa vendedora a emissão de boleto.

Exemplifiquemos:

a. O sr. José Ribeiro executou determinado serviço para a obra e emitiu uma nota fiscal que foi entregue diretamente ao proprietário; porém, veio receber no escritório do engenheiro e, como a nota fiscal não estava presente, emitiu um recibo que fazia referência ao número da nota fiscal correspondente. Nesse caso, o engenheiro irá anexar o único documento em seu poder: o recibo.

b. A Serraria Nova Era, depois de fornecer determinada mercadoria, emitiu nota fsical e o boleto com vencimento no dia 15. O engenheiro resolve, para facilitar, saldar tal boleto, e ser reembolsado pelo cliente no final do mês. Para isso, anexará o boleto já quitado, naturalmente, acompanhado da nota fiscal.

c. A Carpintaria Moema enviou, ao engenheiro, nota fiscal e boleto, que vencerá no dia 30. Este enviará ao cliente apenas a nota fiscal porque deve conservar em seu poder o boleto para no dia 30 ser quitada.

d. A obra necessitou com urgência de alguns maços de prego. No caminho para a construção, o engenheiro efetua essa pequena compra na Casa do Varejo, na qual não possui crédito aberto. Compra portanto à vista e como comprovante recebe a nota fiscal de venda à vista nº 37.425, que enviará ao cliente.

Acreditamos que, com esses quatro exemplos, abordamos os tipos de comprovantes que, de fato, são normais no comércio.

Destacamos que o total da relação de despesas é o valor que servirá para a emissão da nota fiscal do engenheiro ao cliente, como veremos a seguir.

NOTA FISCAL DO ENGENHEIRO AO CLIENTE

A fiscalização obriga as empresas construtoras, mesmo que funcionem no próprio nome do profissional (engenheiro), a ter um bloco de nota fiscal. As notas fiscais são documentos impressos e numerados em que destacamos os seguintes itens importantes:

1. Nome da empresa construtora.
2. Endereço comercial da mesma.
3. Número de inscrição estadual (a empresa é conhecida por este número perante a fiscalização estadual) e número de inscrição municipal para pagamento de imposto de prestação de serviços.
4. Ordem da via (1ª, 2ª, 3ª etc., sendo que na última deverá ter impresso a expressão: "última via").
5. Data da emissão da nota fiscal.
6. Número da nota fiscal; este número pode ser considerado como o mais importante fator de controle de fiscalização, pois não poderá ser repetido nem salteado. É ele que assegura a impossibilidade de o construtor emitir qualquer nota fiscal sem que o Poder Público possa controlar.

7. Nome do cliente (devedor).
8. Endereço comercial do cliente.
9. Endereço da obra.
10. Número de registro da obra no livro de registro de Obras e Serviços (ROS).
11. Modalidade de contrato, administração ou empreitada.
12. Texto da nota fiscal.
13. Importância da nota fiscal em números.
14. A mesma por extenso.
15. Outro ponto de grande importância para a fiscalização: dados da tipografia que imprimiu as notas fiscais; nome da tipografia, endereço e número de inscrição da mesma; número de blocos (talões) com 50 folhas em 3 vias; notas fiscais de números 101 até 200; data da impressão: mês e ano. Por esse dados, a fiscalização se assegura contra a falsificação de documentos (notas fiscais "frias").

    O recibo poderá ser passado na própria nota fiscal.

Nota: Todas as referências de ordens práticas, como as anteriormente citadas, correm o risco de serem alteradas por novas leis e regulamentações; por essa razão, deverão ser atualizadas pelo leitor.

CONTROLE DE DESPESAS EM OBRAS POR EMPREITADAS

Nas obras contratadas por empreitada, conforme vimos no Capítulo 2, todo material é comprado e pago pelo construtor. Por isso, as compras não são efetuadas em nome do cliente, mas, sim, em nome do engenheiro (caso haja um acordo, podem ser determinadas algumas compras de maior vulto e podem ser compradas em nome do cliente, no intuito de evitar uma bitributação, e, com isso, conseguir repassar isso ao contrato).

O controle é, portanto, idêntico ao de administração, só se modificando a operação dos pagamentos, já que o engenheiro é quem pagará.

O cliente, geralmente, pagará ao construtor por meio de parcelas, previamente combinadas, cujas importâncias e datas devem constar do contrato. Desde que a obra alcance uma fase para a qual é prevista uma parcela de pagamento, o construtor emite a sua nota fiscal, encaminha-a ao cliente, e passa o recibo pela mesma ao recebê-la. A nota fiscal é idêntica àquela de obras por administração, item 12, modificando-se apenas o texto. Este passaria para:

"Importância referente à 3ª (terceira) prestação para construção de residência no endereço supra, conforme condição contratual..."

Compra de material

Pelos comentários anteriores verificamos que o engenheiro, de fato, é sempre o comprador. Mesmo na obra contratada por administração, na qual o cliente é o responsável comercial pela compra, é o construtor quem realmente procura o material, seleciona-o entre os diversos concorrentes, emite o pedido, verifica a exatidão da entrega e serve de portador do pagamento. É, portanto, o construtor o comprador de fato, restando ao cliente o papel de fornecedor da verba necessária.

Por meio de um exemplo, tentamos sintetizar um roteiro completo de compra e pagamento. Suponhamos que determinada obra necessita da seguinte relação de ferros, em suas respectivas bitolas:

Vergalhões CA-60 4,2 mm	450	kg
Vergalhões GG-50 6,3 mm	1.250	kg
Vergalhões GG-50 8 mm	150	kg
Vergalhões GG-50 10 mm	800	kg
Vergalhões GG-50 12 mm	500	kg
Arame recozido Gerdau BWG 18	70	kg
Malha POP Tipo reforçada (2 m × 3 m)	270	m^2
Coluna POP 7 cm × 17 cm – 10 mm	120	m
Estribos Gerdau 12 cm × 12 cm – 4,2 mm	420	unid.

De posse dessa relação, provavelmente retirada das folhas de desenho do cálculo de concreto, o construtor procura contato com as empresas fornecedoras de ferro e solicita propostas. Esse contato poderá ser por telefone, dada a simplicidade da relação; para consultas mais complexas, pode ser pedida a vinda de um vendedor da empresa candidata ao escritório do construtor. Não esquecer, porém, que o contato telefônico é mais rápido e preferível sempre que a consulta for relativamente simples. Alguns dias, após ou imediatamente, se o contato for telefônico, obtêm-se as diversas propostas que, seguindo o exemplo, supõe-se:

Material	Quantidade	Valores apresentados (R$)			
		A	B	C	D
Vergalhões CA-60 – 4,2 mm	450 kg	437	400	445	438
Vergalhões GG-50 – 6,3 mm	1.250 kg	1.118	1.190	1.185	1.187
Vergalhões GG-50 – 8 mm	1.560 kg	140	139	142	145
Vergalhões GG-50 – 10 mm	800 kg	730	728	723	727
Vergalhões GG-50 – 12,5 mm	500 kg	442	445	440	440
Arame recozido Gerdau BWG 18	70 m^2	98	98	100	100
Malha POP tipo reforçada (2 m x 3 m)	270 m^2	335	335	332	335
Colunas POP 7 cm x 17 cm – 10 mm	120 m	408	403	410	411
Estribos Gerdau 12 cm x 12 cm – 4,2 mm	420 unid.	70	75	65	68

Supomos que as condições de pagamento sejam idênticas nas quatro empresas, isto é, 30 dias fora o mês, líquido; isso significa que o pagamento deverá ser efetuado no último dia do mês seguinte ao da entrega do material, sem desconto na importância da compra.

Calculando-se as importâncias totais, temos:

Empresa A – R$ 3.848,00
Empresa B – R$ 3.850,00
Empresa C – R$ 3.842,00
Empresa D – R$ 3.851,00

Verificamos que, comparando a importância global da compra, a empresa C apresenta-se com proposta mais vantajosa. É evidente que as consultas foram feitas a empresas idôneas e que, portanto, distribuem ferro de boa procedência (bem bitolados) e com o peso exato: sem essas condições, não é possível estabelecer comparações.

Perante o resultado obtido, é do interesse do cliente (e também do engenheiro que o representa) efetuar a compra na empresa C; porém, ainda trabalhando em benefício do cliente, deve o engenheiro tentar descontos, com a argumentação de que para os vergalhões CA-60 de 4,2 mm foi oferecido pela empresa A por R$ 437,00, os vergalhões CG-50 de 6,3 mm pela empresa B por R$ 139,00 e o arame recozido Gerdau BWG 18 pelas empresas A e B por R$ 98,00. Com alguma sorte e boa argumentação, conseguir-se-á redução para esses preços, e, neste caso, o montante global da compra passará para:

Vergalhões CA-60 – 4,2 mm	450	kg	437,00
Vergalhões GG-50 – 6,3 mm	1.250	kg	1.185,00
Vergalhões GG-50 – 8 mm	150	kg	139,00
Vergalhões GG-50 – 10 mm	800	kg	723,00
Vergalhões GG-50 – 12,5 mm	500	kg	440,00
Arame recozido Gerdau BWG 18	70	kg	98,00
Malha POP Tipo reforçada (2 m × 3 m)	270	m^2	332,00
Coluna POP 7 cm × 17 cm – 10 mm	120	m	410,00
Estribos Gerdau 12 cm × 12 cm – 4,2 mm	420	unid.	65,00
Perfazendo um total de			R$ 3.829,00

Estabelecidos os preços e as condições de pagamento, formula-se o pedido. Este pode ser telefônico ou por escrito; o pedido telefônico tem a vantagem da rapidez, porém só pode ser empregado quando existe conhecimento e confiança mútua; o pedido por escrito tem a vantagem recíproca de fixar definitivamente as condições da compra, evitando posteriores mal-entendidos. Na página seguinte, apresentamos um exemplo de redação do pedido.

É interessante notar que o pedido pode ser assinado pelo engenheiro, apesar de a compra ser efetuada em nome do cliente, sem sua responsabilidade. Esse fato é consequência do clima de confiança entre fornecedor e construtor, aliás, bem acentuado pelo fato de a empresa vendedora aceitar um pedido sem procurar informações do cliente.

A seguir, a empresa fornecedora entrega o material: acompanhado da nota fiscal que contém um canhoto. Nas pequenas construções, o recebedor do material será o mestre ou um pedreiro; nas obras de maior porte, geralmente, existe um funcionário especializado para receber, conferir, bem como fiscalizar o uso do material; esse funcionário é conhecido como “apontador”.

O canhoto da nota fiscal deve ser assinado pelo apontador e devolvido ao entregador do material. Na obra permanecerá uma ou duas vias da nota fiscal. O canhoto representa para a empresa fornecedora o comprovante de entrega do material.

À Fornecedora Geral de Materiais S.A.

Em nome de: Antônio Santos, aos cuidados do Eng° Alberto Campos Borges.

Endereço comercial (do engenheiro): Rua Quirino de Andrade, 219, conj. 41.

Fone: 33-7479

Obra: Rua Sempre-Vivas, pegado ao n° 1.247; bairro do Brooklin Paulista.

Vergalhões CA-60 – 4,2 mm	450 kg
Vergalhões GG-50 –6,3 mm	1.250 kg
Vergalhões GG-50 –8 mm	150 kg
Vergalhões GG-5Q –10 mm	800 kg
Vergalhões GG-50 – 12,5 mm	500 kg
Arame recozido Gerdau BWG 18	70 kg
Malha POP Tipo reforçada (2 m x 3 m)	270 m^2
Coluna POP 7 cm x 17 cm – 10 mm	120 m
Estribos Gerdau 12 cm x 12 cm – 4,2 mm	420 unid.

Condições de pagamento: 30 d.d. líquido.

São Paulo, (data do pedido) ....

....
engenheiro

CONTRATO POR EMPREITADA COM PREÇO-ALVO

Esta modalidade segue todo o modelo da modalidade anterior, entretanto com um preço-alvo definido pelo engenheiro.

Caso haja uma diminuição deste preço, a obra será mais barata, que o ajustado, sendo que os dois pactuantes serão contemplados com um bônus desta diferença de custo, geralmente 50% para cada parte.

A vantagem disso é que as margens de garantias, que o engenheiro tem, geralmente encarecem o orçamento da obra e com essa modalidade, essas margens, que geralmente são expressivas, podem ser repassadas parciamente ao contratante, criando um vínculo de cumplicidade nas compras, com o objetivo de diminuir os custos.

Cálculo de quantidade de materiais

Avaliação de mão de obra e Orçamento

Para a determinação prévia do custo de uma obra, devemos partir dos seguintes dados:

a. projeto completo do que irá ser edificado;
b. cotação atualizada dos materiais e mão de obra necessárias na praça onde será feita a edificação.

Como projeto completo compreende-se, em primeiro lugar, peças gráficas (desenhos) que sejam tão completas quanto o necessário para não deixar dúvidas sobre o que irá ser feito: plantas de cada pavimento, cortes, fachada, detalhes de esquadrias de madeira, de ferro, do telhado, da(s) escada(s) etc. O desenho, em geral, explica bem a forma do que irá ser feito, porém não esclarece que material vai ser empregado e o seu acabamento; surge então a necessidade do memorial descritivo. Por exemplo, é ele que dirá que uma determinada esquadria será de cedro e terá como ferragens uma fechadura tipo Yale e três dobradiças de 4", niqueladas etc.; nos desenhos, tais explicações seriam quase impossíveis.

É preciso, pois, que fique claro: só se pode orçar, com relativa precisão, aquilo que está bem-definido e essa clareza se consegue com desenhos e memorial descritivo completos (caso este atípico).

O segundo tópico para a determinação prévia do custo de uma obra, cotação de materiais e mão de obra no local da edificação é aquele em que o profissional terá de usar competências nem sempre adquiridas nos bancos escolares: tino comercial, prática e bom-senso. Os preços oscilam conforme o local, a época, como também oscila a qualidade. A escolha dos preços, apesar de tão importante quanto o outro fator, o da quantidade do material, é muito menos teórica e, portanto, nela as falhas serão mais desculpáveis, isto é, é admissível que os preços sejam mal-escolhidos, não, porém, que se cometam erros grosseiros no cálculo das quantidades.

O melhor processo de se obter cotação é a consulta direta, geralmente telefônica, a fornecedores idôneos. A consulta direta funciona melhor que cotações que aparecem na imprensa, principalmente em anúncios, porém nas grandes cidades (São Paulo, principalmente) existem publicações especializadas, semanais ou mensais, que nos dão cotações relativamente reais e completas.

Existem também sites específicos de cotação de preços, que podem ser usados em todos os lugares.

Com essas explicações iniciais, verifica-se que o bom orçamento depende de uma definição completa da obra. Acontece que essa definição só se consegue depois de muito trabalho e debate com o cliente. Muito antes desses trabalhos, nós já deveríamos saber, nem que seja com pouca precisão, o custo da obra. Essa necessidade é fácil de ser compreendida, porque o custo da obra é fator indispensável para a sua possibilidade de execução; o cliente deve saber, o mais rapidamente possível, a verba necessária para o empreendimento e verificar se continua, se possui a verba disponível.

Surge aqui um caminho rápido, se bem que aproximado, de uma avaliação: o produto da área a ser construída vezes o preço por metro quadrado. Vamos discutir as possibilidades de sucesso desse processo, tão rústico e elementar, porém de inegável necessidade e vantagem. Pronto o anteprojeto (operação relativamente rápida), calcula-se a área a ser edificada, avalia-se o preço do metro quadrado em função do tipo e acabamento a ser empregado e tem-se o preço total aproximado. Informa-se o cliente, que poderá se definir pela continuação ou não dos estudos; no caso de o cliente achar que o custo total é exagerado, abandona-se o projeto, evitando trabalhos inúteis; caso o cliente considere o total como razoável, prosseguem-se os estudos, com maiores possibilidades de conclusão. A fórmula para o cálculo será simplesmente:

$$C = A \times P$$

onde: C = custo total,
A = área a ser edificada e
P = preço por metro quadrado.

No cálculo de A, não deverá haver erro, pela facilidade de sua obtenção; naturalmente devemos calcular a área total, isto é, incluindo-se as paredes e também as áreas de cada pavimento, já que a área total será a soma das áreas de cada pavimento.

É no cálculo de P que surgem os erros que afetarão o valor de C.

P varia em função de diversos fatores:

a. tipos de acabamento;
b. forma de edificação;
c. tipo de edificação.

Em um mesmo projeto, poder-se-ão empregar tipos de acabamentos diferentes com influência direta no seu custo.

A forma tem influência, pois a mesma área poderá ser mais ou menos subdividida internamente, aumentando ou diminuindo o total de paredes, com influência direta no custo.

O tipo de edificação também influi, pois uma construção residencial geralmente é mais detalhada do que outra industrial, portanto mais dispendiosa. Um prédio com estrutura de concreto armado tem esse fator a elevar o seu custo etc.

Portanto, o valor P escolhido terá provavelmente erro, que multiplicado por A dará erro maior na avaliação.

Um fato que contribui para o sucesso desse cálculo elementar é que o valor de P representa uma média geral de mais de uma centena de preços que influem no valor final. Realmente, são tantos os materiais que serão empregados e tantas as diferentes mãos de obra, que cada fator isoladamente tem influência muito pequena.

Vamos supor que tenhamos de construir sobrados populares, para aluguel ou venda, tão comuns, principalmente nas grandes cidades: sala, cozinha, dois dormitórios, banheiro; construção com 4 ou 5 metros de frente; época: junho de 2008; local São Paulo.

Valor provável para P	=	R$ 1.300,00
Área do corpo principal	=	82 m^2
Edícula	=	13 m^2
Total	=	95 m^2
$C = 95 \times$ R$ 1.300,00	=	R$ 123.000,00

Suponhamos que possa haver um erro de 10%, para mais ou para menos, no valor; significa que o custo irá variar entre R$ 111.000,00 e R$ 134.000,00. De qualquer forma, é uma ótima informação inicial para que o cliente examine as suas possibilidades ou seu interesse na execução da obra.

Um profissional, com obras em execução ou recém-terminadas, deverá, no término de cada uma delas e depois de apurado o preço final real, dividi-lo pela área construída, tendo assim um preço por metro quadrado que irá orientá-lo em avaliações futuras; deverá também fazer um relatório para arquivar, onde descreverá resumidamente o tipo e acabamento da obra, para tornar esse preço por metro quadrado mais real e especificado.

Existem publicações especializadas na construção civil que trazem preços por metro quadrado praticados divididos por padrão de acabamentos, tais publicações podem ajudar os engenheiros que estão iniciando esse tipo de trabalho.

Podemos destacar entre as publicações a revista *Construção*, editada pela Editora Pini, especializada em construção civil.

Também existem sites específicos e índices oficiais, como o CUB, que podem facilmente ser obtidos pela internet.

É certo que esse processo, tão rústico e imperfeito, ainda assim, irá poupar muito trabalho inútil, pois evitará a elaboração de orçamento completo, caso um cliente não possua verba suficiente para construção.

Quando, porém, os estudos caminham para o campo da realização, aparece a necessidade de orçamento mais exato. Esse orçamento será executado como exemplo e depois explicado. Para esse exemplo, escolhemos um determinado projeto, que vem exposto na planta construtiva anexa, acompanhada de fachada. É um caso real, já executado, para evitar exemplos meramente teóricos. A execução obedecerá às plantas (Folhas anexas de 1 a 7) e também ao memorial descritivo que se segue:

MEMORIAL DESCRITIVO

1. CONDIÇÕES LOCAIS

a. terreno de 14 m x 36 m (retangular), com aclive para os fundos de cerca de 2%;

b. na rua existe rede de água;

c. na rua não há rede de esgoto;

d. existe posteação da Eletro com iluminação na rua;

e. o terreno apresenta uma camada resistente com cerca de 8 m a 9 m de profundidade (informação conseguida em construção próxima). Será executada sondagem para conempresação ou cravada uma estaca para prova;

f. não haverá necessidade de tapume;

g. os terrenos limítrofes (laterais e de fundo) ainda não se acham edificados, havendo necessidade de fechamento do terreno, em todas as faces, com muros.

2. FUNDAÇÕES

a. Constarão de cravação de estacas pré-moldadas (sistema Benacchio ou similar).

Previsão: 40 estacas de 25 cm x 25 cm com 10 m de comprimento. A distribuição dessas estacas será determinada pelo calculista de concreto armado, sendo apenas a quantidade prevista aproximada, bem como o seu comprimento.

b. Sobre as estacas serão moldadas vigas baldrame que servirão de base para todas as paredes, tanto externas como internas; essas vigas serão concretadas aproximadamente no nível do solo, de modo a permitir o assentamento de 5 a 6 fiadas de tijolos sobre elas, até o respaldo do alicerce, que, dessa forma, ficará cerca de 40 cm acima do nível.

3. IMPERMEABILIZAÇÃO DOS ALICERCES

Com camada de cimento e areia (1:3) dosada com impermeável gorduroso, revestindo o respaldo dos alicerces na parte superior e lateralmente com 10 cm para cada lado. Após, será aplicado piche sobre a camada.

As duas primeiras fiadas de tijolos das paredes também serão assentadas com essa argamassa.

4. ALVENARIA

Todas as paredes serão levantadas em alvenaria de tijolos comuns, de barro recozido, assentados com argamassa de cal e areia, nos sistemas usuais. As espessuras das paredes serão aquelas que constam das plantas. As paredes receberão os seguintes reforços:

a. vergas sobre os vãos;

b. vergas sob os vãos;

c. cinta de amarração no respaldo do telhado;

d. no respaldo de laje de piso do pavimento superior não haverá cinta de amarração, porque a laje e vigas de concreto armado representam tal função.

A cal a ser utilizada será hidratada. A areia será do tipo médio, levemente argilosa, para maior economia de cal. A argamassa de cal e areia receberá adição de 100 kg de cimento por m^3.

5. CONCRETO ARMADO

O concreto armado se fará presente onde for determinado pelo engenheiro calculista, podendo-se antecipar a necessidade de alguns pilares do pavimento térreo, lajes treliçadas pré-fabricadas para o pavimento superior e para o forro do pavimento superior.

O concreto será composto de pedra, areia e cimento, com materiais de boa qualidade. Os vergalhões utilizados serão da categoria CA-50 e CA-60, conforme os diâmetros utilizados, amarrados com arame recozido BWG 18. O madeiramento para as formas será pinho de terceira qualidade, novo ou usado, de acordo com as possibilidades do momento.

Obs. A moderna tecnologia de construção permite atualmente a utilização de produtos altamente industrializados, que já chegam prontos nas obras, diminuindo fortemente os gastos com mão de obra, desperdícios de materiais, aumentando a velocidade de execução das diversas etapas, e, consequentemente, reduzindo o custo final das construções.

Um bom exemplo dessas novas tecnologias, que estão tornando a construção civil brasileira cada vez mais competitiva, são as armaduras prontas, tais como as Colunas POP (utilizadas para armar vigas, cintas, colunas e baldrames), as Malhas POP, que são armaduras em aço CA-60 soldadas sob a forma de malha, muito utilizadas para armação de pisos e lajes (maciças ou treliçadas) e os estribos que são fornecidos em diversas medidas, apropriadas para as pequenas construções.

6. FORROS

O forro do pavimento térreo será a própria laje revestida. O forro do pavimento superior será com laje de tijolos perfurados (sistema Prel), isto é, serão adquiridas as vigas de concreto pré-moldadas e os tijolos furados correspondentes. Depois de assentados as vigas e tijolos, a concretagem será com pedra n° 1, areia e cimento, constituindo uma camada protetora de 3 cm de espessura. Esse sistema será empregado como forro do corpo principal e da edícula, exceto todos os beirais que serão de estuque. O estuque será com quadriculado de pinho (1" x 4" e 1" x 2"), tela de arame galvanizado e argamassa de enchimento mista: cal, cimento, areia. Todos os forros serão revestidos com duas mãos de argamassa, emboço e reboco (cal e areia).

7. TELHADO

a. será de madeiramento em peroba, utilizando, de preferência, bitolas comerciais: 6 x 16, 6 x 12, 5 x 7, 5 x 6, 3 x 12 etc. A determinação das bitolas será especificada em planta de detalhes;

b. exigirá trabalho de carpinteiro; contratado por metro quadrado de projeção horizontal; na dependência de contrato com o empreiteiro de mão de obra de pedreiro, poderá ser incluído nesta subempreitada;

c. com cobertura de telhas de barro, tipo paulista (canal e capa); a cobertura definitiva exigirá operário especializado (telhadista) para o emboçamento das telhas;

d. a funilaria será em chapa de folha galvanizada, com detalhes na planta de telhado e melhor descrição no item referente à instalação hidráulica.

8. REVESTIMENTO

As massas grossa e fina (emboço e reboco) com argamassa de cal e areia; a grossa com areia média e cal (1:3); a fina com areia grossa peneirada e cal (2:1), ou massa de produção industrial encontrada na praça (Reboquit ou similar). Esse tipo de revestimento será aplicado em todas as paredes e forros, tanto internos como externos, com exceção daquelas superfícies onde forem indicados revestimentos especiais, especificados a seguir:

Azulejos brancos

Copa e cozinha: em todas as paredes até a altura do forro e no interior do armário sob a pia; sistema de colocação com "junta a prumo"; peças de acabamento: apenas calhas externas.

Lavanderia, garagem, WC e banheiro da edícula: nas paredes, com altura de 1,5 m; sistema de colocação "junta a prumo"; peças de acabamento: faixas, cantos externos de faixa e calhas externas.

Azulejos decorados

No lavabo, banheiro principal e meio-banheiro, até a altura do forro; sistema de colocação: "junta a prumo".

Pedras

Pedra de Minas: em toda a fachada do andar térreo, inclusive interior do terraço; sistema de colocação: "em tiras" (fiadas horizontais).

Granito rústico (cinza): em todo o emboçamento para a proteção dos alicerces, com altura média de 60 cm; sistema de colocação: "rústico".

9. PREPARAÇÃO PARA PISOS

a. Terão internamente e no andar térreo todas as superfícies do solo preparadas, para receber os pisos definitivos, com:

- nivelamento;
- apiloamento para uniformização;
- camada de concreto magra (1:3:5), com 5 cm de espessura.

b. Internamente, no andar superior, não haverá preparação, servindo a própria laje, onde esta tiver rebaixo para encanamentos de banheiro; o enchimento será com tijolos furados recobertos com camada de concreto (1:3:5), com 4 cm de espessura.

c. Externamente, as superfícies serão aplainadas, com o caimento necessário para escoamento das águas pluviais e de lavagem; apiloamento posterior, já que são previstas para pisos de pedras (arenito em lajotas), não haverá a necessidade de concreto, salvo na entrada de auto, que terá uma camada de concreto (1:3:5) com 8 cm de espessura; na ocasião desta concretagem, serão aproveitados todos os retalhos de ferro (sobras de estrutura) para maior reforço.

10. PISOS

Tacos

De peroba (7 cm x 21 cm), comuns (asfalto e pedrisco no verso), nos seguintes cômodos: os dois dormitórios da edícula e a sala de costura.

De peroba e marfim com desenhos, de preço médio, nos seguintes cômodos: *hall* superior, quatro dormitórios, inclusive armários.

De madeira especial a ser escolhida, de qualidade superior, com desenho especial para a parte social: sala de estar, sala de jantar e *hall* inferior.

Granilito

Copa, cozinha, lavabo, quarto de banho principal e meio-banho terão granilito fundido no local sobre preparação de cimentado (1:3) desempenado; serão aplicadas tiras de latão ou plástico na união do rodapé com o piso e no centro das áreas para que não se formem painéis maiores do que 1 m^2; o rodapé será arrendondado para não formar canto vivo; altura do rodapé: 8 cm em cores a escolher. Sistema de contrato: a mão de obra estará incluída no contrato de mão de obra de pedreiro e o material será adquirido por conta do cliente em empresas especializadas. Todas as soleiras das peças em piso de granilito também serão do mesmo material.

Os peitoris internos das janelas das seguintes peças serão de granilito: sala de estar, sala de jantar, *hall* inferior e superior e os quatro dormitórios principais; o granilito será fundido no próprio peitoril.

A escada principal terá os degraus fundidos no próprio concreto; a preparação será com cimentado (1:3) desempenado; o granilito será fundido no próprio local, havendo balanço de 3 cm do degrau sobre o espelho; o rodapé também de granilito acompanhando a rampa da escada; a união do granilito com os tacos (começo e fim da escada) será com tiras de latão ou plástico.

Material cerâmico

Regular (7,5 cm x 15 cm) na garagem, lavanderia, WC, banheiro da edícula, patamar de entrada da cozinha e terraço superior; forma de assentamento em escama simples; rodapé do mesmo material.

Cacos de cerâmica serão aplicados na escada da edícula, tanto nos espelhos como nos patamares; estes serão terminados por uma faixa de peças boleadas (rodapé boleado), para não terminar em canto vivo.

Retangular (10 cm x 20 cm), esmaltado no terraço principal (inclusive rodapé).

Os pisos externos serão de pedras (arenito rosa) em forma de lajotas irregulares assentadas com argamassa mista: cal e areia (traço 1:3), com 2 sacos de cimento por metro cúbico; na passagem para carro serão assentados sobre concreto; no restante, sobre o terreno previamente nivelado e apiloado.

11. PEITORIS

a. Externos: as janelas dos dormitórios serão em madeira igual à da janela, tipo ideal; a janela da sala de estar em pedra de Minas; os restantes serão terminados com lajotas cerâmicas.

b. Internos: aquelas das janelas onde houver revestimento de azulejos serão terminados com este mesmo material; os restantes do corpo principal serão com granilito; nas edículas os peitoris internos serão terminados com lajotas de cerâmica.

12. GESSO

Haverá aplicação de sancas de gesso na união das paredes com o forro em todas as peças do corpo principal, sem exceção.

13. ESQUADRIAS DE FERRO

a. Na porta da entrada da sala de estar, medindo 1,8 m x 2,7 m com duas folhas de abrir, com um vidro inteiro em cada folha (fixo); grade de segurança na própria porta.

b. No caixilho da sala de estar, medindo 4,3 m x 2,5 m com duas folhas de correr, quatro básculos superiores e parte restante fixos; os vidros serão inteiros em cada painel. Externamente, grade de proteção fixa.

c. No caixilho da sala de jantar, medindo 3 m x 1 m, com duas folhas de correr e dois básculos na parte superior; grade de proteção fixa, externamente.

d. Nos caixilhos da copa e da cozinha, ambos com 1,8 m x 1 m, basculantes; grade de proteção fixa, externamente.

e. No caixilho do lavabo e do armário sob a escada, medindo 1 m x 1 m, basculantes; grade de proteção fixa, externamente.

f. No caixilho da sala de costura, medindo 1,2 m x 1 m, idem ao anterior.

g. No caixilho do *hall* superior, medindo 1,5 m x 1,5 m, quase totalmente fixo; apenas pequena área basculante, sem grade.

h. Nos caixilhos do meio-banho e banheiro principal; respectivamente 1 m x 1 m e 1,4 m x 1 m, basculantes, sem grade.

i. Nos caixilhos da garagem, WC, escada da edícula, banheiro da edícula; respectivamente: 1 m x 1,5 m; 0,8 m x 0,8 m; 0,8 m x 1,2 m e 1,2 m x 1 m; todos basculantes sem grade.

j. Nos portões, medindo 2,5 m x 0,8 m e 1 m x 0,8 m, o primeiro com duas folhas de abrir, o segundo com uma folha de abrir.

k. No gradil, medindo 8,5 m x 0,8 m, colocado sobre o terreno sem mureta de alvenaria.

14. ESQUADRIAS DE MADEIRA

Todas as esquadrias serão de cedro, já que o objetivo final será pintá-las e não envernizá-las. Os batentes serão de peroba.

a. na porta de entrada do *hall*, medindo 0,8 m x 2,2 m; folha envidraçada, porém com vidro fixo (sem postigo); grade de proteção em ferro com desenhos idênticos aos gradis restantes;

b. nas portas da sala de jantar, da copa, do *hall*, da cozinha, do lavabo, do armário sob a escada, dos quatro dormitórios e dos dois banheiros, todas as folhas em compensado, lisas: medidas constantes das plantas;

c. na porta de saída da cozinha, envidraçada; vidro fixo (sem postigo): grade de proteção em ferro;

d. na porta da sala de costura; do dormitório 4 para o terraço; folha com cinco almofadas rebaixadas para mais segurança;

e. nas portas dos armários embutidos compostas de dois conjuntos: um inferior e normal até a altura de 2 m; outro, superior, acima dessa altura, para fechar os espaços guarda-malas; com 0,6 m de altura. Todas as folhas serão em compensado liso de cedro.

Exemplificando:

armário do *hall* superior
inferior: 1,8 m x 2 m; duas folhas
superior: 1,8 m x 0,6 m; duas folhas
armário do dormitório: 1
inferior: 2,3 m x 2 m; três folhas
superior: 2,3 m x 0,6 m; três folhas
armários dos dormitórios: 2, 3, e 4
inferior: 3,1 m x 2 m; quatro folhas
superior: 3,1 m x 0,6 m; com quatro folhas

f. Na porta da garagem, medindo 2,6 m x 2,1 m, com quatro folhas envidraçadas (vidros fixos). A abertura da porta será para o lado externo e apenas as duas folhas centrais; após a abertura das folhas centrais, o conjunto abrirá para o lado interno (ver Figura 4.1);

Figura 4.1

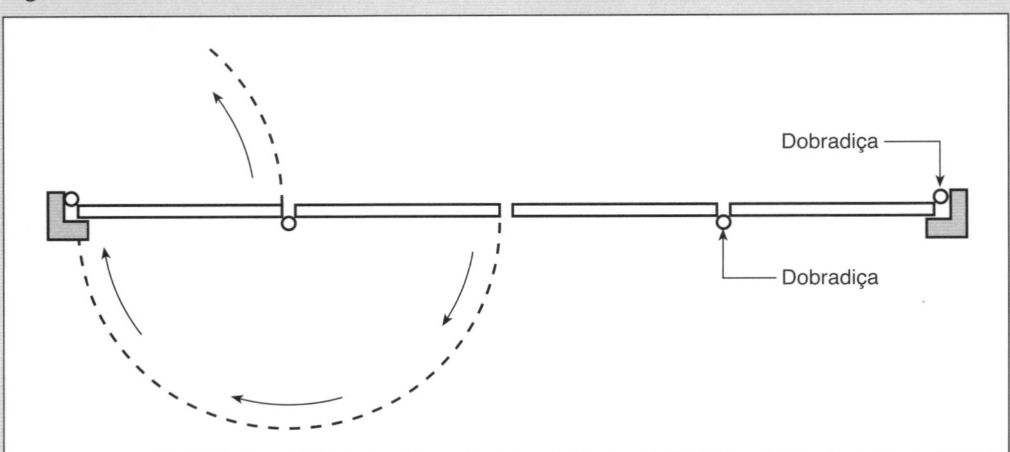

g. na porta do WC (edícula); nos dois dormitórios (edícula); no banheiro (edícula); todas em compensado liso;

h. na janela dos dois dormitórios da edícula, medindo 1,1 m x 1,2 m, com quatro folhas de venezianas e duas vidraças tipo guilhotina;

i. nos armários sob a pia da cozinha, em dois corpos: um frontal com 2,4 m x 0,6 m em três folhas de correr; outra lateral, medindo 0,6 m x 0,6 m com uma folha de abrir; as folhas serão em compensado liso.

A colocação de esquadrias será executada por carpinteiro especializado, pagando-se no sistema de empreitada por vão colocado; na contagem dos vãos estabelece-se o seguinte sistema de contagem:

porta comum (1 folha)	= 1 vão
porta com 2 folhas	= 1,5 vão
porta com 3 folhas	= 2 vãos
porta com 4 folhas	= 3 vãos
janela com veneziana e guilhotinas	= 2 vãos

Não será previsto no memorial descritivo, nem tampouco no orçamento, a subdivisão dos armários embutidos; essa subdivisão, a pedido do cliente, será projetada no final da obra.

No entanto, prevê-se o revestimento das paredes internas dos armários com folhas de compensado pregadas sobre quadriculados de pinho, para que o compensado não encoste diretamente nas paredes, apodrecendo; esse revestimento será total, isto é, tanto nas paredes como no forro, tanto no conjunto inferior como no superior.

15. FERRAGENS PARA ESQUADRIAS DE MADEIRA

Critério geral:

a. todas as folhas de portas serão fixadas aos batentes por 3 dobradiças que serão de 4" para as portas pesadas; 3 1/2" para as portas comuns; 3" para as portas pequenas (exemplo: parte superior dos armários embutidos etc.);

b. as portas de entrada terão fechadura de segredo (tipo Yale); as restantes terão fechaduras comuns;

c. a parte social, salas e *hall* inferior, terão maçanetas maciças de latão cromado;

Outros detalhes, de menor importância, aparecerão discriminados no próprio orçamento.

16. FERRAGENS PARA ESQUADRIAS DE MADEIRA

Estão projetadas para os quatro dormitórios do corpo principal janelas tipo ideal, fornecidas por fabricante especializado, nas medidas 1,4 m x 1,2 m, circundadas por moldura de madeira, formando um grande quadro de cerca de 3 m x 2,6 m, para embelezamento das fachadas principal e lateral. Essas peças já são fornecidas com a ferragem necessária.

17. INSTALAÇÃO HIDRÁULICA E APARELHOS SANITÁRIOS

Água

O critério de alimentação de água será o seguinte: a água será recebida da canalização do Serviço de Água e Esgoto e passando pelo relógio fixado no cavalete na entrada do terreno (abrigo); irá alimentar duas caixas d'água de 1.000 litros cada no forro do corpo principal, ligadas por sistema de vasos comunicantes, e também uma caixa de 1.000 litros no forro da edícula. A tubulação de entrada alimentará seis torneiras de jardim, uma torneira na pia da cozinha, um ponto para o filtro na cozinha e uma torneira de tanque.

Das caixas d'água do corpo principal, a canalização de água fria irá alimentar todos os aparelhos dos dois banheiros superiores, o lavabo e a cozinha.

Da caixa d'água da edícula, a canalização irá alimentar todos os aparelhos do banheiro da edícula, uma torneira do tanque, WC e uma torneira na garagem.

Das caixas d'água do corpo principal sairá alimentação para um aparelho de aquecimento central elétrico (200 litros) e deste a canalização de água quente (em cobre) irá alimentar os seguintes pontos:

banheiro principal: lavatório, bidê, banheira-box no chuveiro;

meio-banho: lavatório e chuveiro;

lavabo: lavatório; cozinha: duas pias.

No banheiro da edícula, será instalado um chuveiro elétrico, que terá a atribuição de fornecer água quente. A canalização de água fria será basicamente com tubos de plástico.

Esgoto

O recolhimento das águas servidas nos banheiros será por tubulação de ferro, embutida no piso (para tanto as lajes desses cômodos serão rebaixadas). Serão levadas para o andar térreo por tubo (coluna) vertical de ferro. Externamente correrá o tronco principal em manilhas de barro vidrado de 4", que recolherá os diversos ramais. A conexão das manilhas será com asfalto, conforme manda o regulamento do Serviço de Água e Esgoto. O tronco da séptica, por sua vez, descarregará as águas purificadas em fossa negra com 1,2 m de diâmetro e profundidade prevista para 6 m.

A canalização de manilhas, antes de descarregar na fossa, irá em linha reta até o passeio (calçada), de onde voltará com curva suave para a fossa no interior do jardim. Essa medida é necessária para que, no futuro, ao ser instalada rede de esgotos do Serviço de Água e Esgoto, a ligação possa ser feita sem contratempos.

Águas pluviais

Calhas de beirais em todo o contorno, com detalhes que serão descritos na planta do telhado; essas calhas poderão ser visíveis ou embutidas, sendo que, neste caso, deverá ser alterada a especificação do forro dos beirais, que deixará de ser de estuque para ser de laje para suportar o peso do embutimento das calhas. A condução vertical (descida) das águas de chuva para o solo será em condutores embutidos de cimento-amianto. Toda a parte de calhas será executada em chapa galvanizada.

Os condutores jogarão suas águas, livremente, sobre o piso do quintal, que terá caimento para a frente. Apenas para atravessar o abrigo para carro (lateral do terraço) haverá uma canaleta protegida por grelha, atrás do abrigo para recolher as águas, que serão conduzidas por canal de manilhas de barro até a calçada.

Gás

Haverá canalização para gás de rua, prevendo-se emprego de gás engarrafado, provisoriamente.

Sistema de contrato: todos os serviços serão subempreitados à empresa estabelecida com registro no Crea e no Serviço de Água e Esgoto. O subempreiteiro deverá fornecer, além de toda mão de obra (inclusive obrigações de leis sociais) para os trabalhos, também todo o material bruto, isto é, canalizações em geral para águas fria e quente, esgoto e águas pluviais, com as respectivas conexões e materiais de ligação: estopa, asfalto etc.

Caberá ao cliente o fornecimento de todos os aparelhos sanitários, com todos os metais respectivos.

18. ELETRICIDADE E TELEFONE

Deverá ser elaborado, posteriormente, o projeto da instalação elétrica; no entanto, a descrição geral do serviço, que servirá de guia para o projeto, é a que se segue.

A entrada será feita com colocação de poste e caixa de ferro para relógio, na frente do lote. Condução subterrânea até a caixa de distribuição colocada dentro do armário, sob a escada. Do quadro de distribuição sairão os diversos circuitos, por fios isolados, no interior de conduítes pesados conectados com bucha e arruela, embutidos nas paredes e na laje do primeiro pavimento; a distribuição no forro será livre, porém com colocação do isolamento de porcelana. A passagem para a edícula também será subterrânea até o quadro secundário de distribuição colocado na lavanderia; a distribuição da edícula será idêntica à do corpo principal.

A distribuição geral dos pontos será a que se segue (a posição definitiva será marcada nas plantas):

Corpo principal

sala de estar	2 pontos, sendo 1 em paralelo e 5 tomadas;
sala de jantar	1 ponto, 3 tomadas;
hall inferior	2 pontos, 3 tomadas;
armário sob a escada	1 ponto;
lavabo	2 pontos, 1 tomada;
copa	1 ponto, 4 tomadas;
cozinha	1 ponto, 3 tomadas;
sala de costura	1 ponto, 2 tomadas;
hall superior	2 pontos, sendo 1 em paralelo e 2 tomadas;
dormitório 1	1 ponto, 4 tomadas;
dormitório 2	1 ponto, 4 tomadas;
dormitório 3	1 ponto, 4 tomadas;
dormitório 4	1 ponto, 4 tomadas;
meio-banho	2 pontos, 1 tomada;
banheiro	2 pontos, 2 tomadas;
exterior	6 pontos.

Edícula

garagem	2 pontos, 2 tomadas;
lavanderia	1 ponto, 1 tomada;
WC	1 ponto;
dormitório 1	1 ponto, 2 tomadas;
dormitório 2	1 ponto, 2 tomadas;
hall	2 pontos, sendo 1 em paralelo e 2 tomadas;
banheiro	1 ponto, 1 tomada;
exterior	2 pontos.

Diversos

Serão colocadas campainhas com as seguintes distribuições:

botão no portão, som na cozinha;
botão no dormitório 2, som na cozinha;
botão no *hall* superior, som no dormitório 1 da edícula;
botão no chão da sala de jantar (sob a mesa), e som na cozinha.

Não será colocado quadro indicativo do local chamado; a distribuição será feita na cozinha porque as três campainhas desta peça terão sons diferentes.

Na cozinha, será instalado exaustor (110 V) sobre o fogão.

No forro do corpo principal da casa, será instalado o aparelho aquecedor elétrico central com capacidade para 200 litros (220 V).

No banheiro da edícula, será instalado chuveiro elétrico (220 V). Idem no WC da edícula.

Telefone: ponto no *hall* inferior e extensão no dormitório 2 (considerado o principal da casa). Caberá ao eletricista apenas fazer a tubulação, já que a fiação é exclusividade da companhia concessionária.

Sistema de contrato: os trabalhos serão entregues a subempreiteiros habilitados no Crea e na Eletro, com empresa registrada, cabendo a ele, além de toda a mão de obra (inclusive obrigações de leis sociais), o fornecimento de todo o material necessário, excluídos lâmpadas, campanhias, aparelhos luminosos (lustres), aquecedor central, exaustor e chuveiros elétricos.

19. VIDROS

A colocação dos vidros será feita por operário da própria empresa fornecedora, portanto será comprado o vidro, inclusive com colocação. Todos os vidros serão aplicados com massa dupla, isto é, atrás e na frente do vidro.

Basicamente serão aplicados três tipos de vidro:

liso simples
fantasia
liso duplo

Vidro liso simples:

no armário sob a escada; nas janelas da copa, cozinha, sala de costura, *hall* superior, *hall* da edícula e dormitórios da edícula.

Vidro fantasia:

nas janelas do lavabo, meio-banho, banheiro, WC e banheiro da edícula.

Vidro duplo (4 mm):

nas janelas da sala de estar, sala de jantar e 4 dormitórios principais. Nas portas da sala de estar, *hall* inferior, saída da cozinha e garagem.

20. PINTURA

a. Em caiação simples, com mínimo de três demãos, sem preparo especial das paredes, a não ser quando houver grandes defeitos na argamassa.
Locais de aplicação: todas as paredes externas onde não houver revestimento especial; todos os forros, tanto do corpo principal como da edícula, inclusive beirais; nas paredes; acima dos azulejos, da garagem, lavanderia, banheiro da edícula; muros e muretas do quintal.

b. Em têmpera com duas demãos de caiação sobre a superfície, sem preparo especial, a não ser quando houver grandes defeitos na argamassa: constará de uma demão de sabão líquido e uma demão de têmpera em pasta para ser batida à escova; cores a escolher.
Locais de aplicação: paredes da sala de costura, os dois dormitórios da edícula e *hall* da edícula.

c. Em tinta à base de látex (sobre a massa corrida). Locais de aplicação: paredes da sala de jantar, sala de esta, *hall* superior e inferior, armário sob a escada, lavabo, quatro dormitórios, meio banho e banheiro.

d. Em esquadrias de ferro, com lixamento das esquadrias e duas demãos de zarcão; uma demão de tinta a óleo como base; depois da colocação dos vidros, duas demãos de esmalte de primeira (secagem rápida).

e. Em esquadrias de madeira em geral, com preparo da esquadria por lixa de madeira; uma demão de tinta como base; massa grossa; aparelhamento com lixa de madeira, aplicação de massa corrida; novo lixamento com lixa de madeira; uma demão de tinta a óleo fosca; uma demão de esmalte de primeira. Locais de aplicação: em todas as esquadrias de madeira nas faces externas; em todas as esquadrias de madeira da edícula, tanto face externa como interna.

f. Em esquadrias de madeira especiais. Todas as operações semelhantes à anterior, porém a última lixa será de água e a aplicação do esmalte será com a folha da porta horizontal sobre cavaletes, para dar o aspecto de esmalte polido.

Locais de aplicação: todas as esquadrias de madeira internas do corpo principal.

Sistema de contrato: o serviço será entregue ao subempreiteiro pintor, com empresa registrada, para fornecimento de toda a mão de obra (inclusive obrigações sociais) e ferramentas necessárias, tais como escadas, peneiras, barricas, pincéis etc. O cliente fornecerá todo o material de pintura, sejam tintas preparadas, sejam materiais diversos, para o preparo das tintas básicas, tais como: cal, cola, sabão, gesso, alvaiade, óleo de linhaça, secante, aguarrás, tiner etc.

21. LIMPEZA

a. dos pisos de tacos: raspagem com três lixas, grossa, média e fina; calafetagem com serragem e cola; aplicação de verniz sintético Cascolac, Sinteko ou similar;
b. geral de vidros, azulejos, cerâmicas, pedras, pastilhas e aparelhos sanitários;
c. geral e remoção de entulhos do quintal. Sistema de contrato: por empreitada, com empresa especializada e registrada, a própria empresa fornecerá a máquina de raspagem e aplicará o verniz.

22. MÃO DE OBRA DE PEDREIRO

Contrato por empreitada com subempreiteiro que tenha empresa registrada em todos os departamentos trabalhistas necessários. Todas as obrigações de leis sociais serão de inteira responsabilidade do empreiteiro, para tanto será exigida inclusive a exibição de registro no INSS.

Será procurada a solução de se entregar ao subempreiteiro, além de todas as mãos de obra comuns, também aquelas de serviços especializados e correlatas: carpinteiro e ferreiro para concreto, carpinteiro para forro e telhado, colocação de esquadrias de madeira, colocação de tacos, pastilhas, pedra, cerâmica e granilito.

Como obrigação do subempreiteiro estará também o fornecimento de todas as ferramentas: betoneira, serra circular, carrinhos etc. e todo o madeiramento necessário para andaimes. Não se inclui nenhum material de construção.

23. ADMINISTRAÇÃO

A modalidade de contrato entre o engenheiro e o cliente será o de administração (taxa de 10% sobre as despesas), com cláusulas de obrigações expressas em contrato especial.

Veja, na página seguinte, o orçamento relativo a esse memorial descritivo.

Este orçamento é ilustrativo e acredito que deva ser utilizado para uma análise, modelo para elaboração de planilhas eletrônicas e que facilitem enormemente a execução e simulações de orçamentos.

Também existem no mercado programas de elaboração de orçamentos, que podem ser adquiridos em livrarias especializadas, ou empresas de engenharia que são especializadas em fornecer estes programas.

N.B. Os números em negrito e dentro de colchetes (por exemplo, **[10]**) são artifícios para localizar as explicações a partir da página 91.

Descrição	Cálculo	Unidade	Quantidade	Preço unitário R$	Subtotais R$	Totais R$
I — PRELIMINARES E DIVERSOS [1]						
1 – Prefeitura (área total a construir) **[2]**		m^2	321	5,20	1.669,20	
2 – Barracão de guarda (área 15 m^2) **[3]**		verba			1.500,00	
3 – Vigia de obra **[4]**		mês	3	700,00	2.100,00	
4 – Sondagem (avaliação) **[5]**	3 furos de 15 m	m	45	42,00	1.890,00	
5 – Ligação de água e luz **[6]**	(cavalete, abrigo, poste, caixa de ferro, taxas)	verba		2.000,00	2.000,00	9,159,20
II — ESTAQUEAMENTO [7] (Previsão: 1 estaca a cada 4 m^2 de pavimento térreo – estacas 25 x 25 – profundidade 10 m) Área 123,5 m + 35,4 m = 160 m 2.160/40 = 40 estacas						
estacas **[8]**	40 estacas de 10 m	m	400	**[8]** 40,00	16.000,00	16.000,00
III — VIGAS BALDRAME [9] Sob paredes de meio-tijolo (54,2 m + 20,7 m) = 75 m — 75 m x 0,15 m x 0,3 m = 3,375 m^3 Sob paredes de um tijolo (49,2 m + 15,7 m) = 65 m — 65 m x 0,22 x 0,4 m = 5,72 m^3 – perfazendo um total de 9,095 m^3						
1 – Pedra		m^3	9	42,00	183,87	
2 – Areia grossa lavada	9 m^3 x 0,8 m^3/m^3 de concreto	m^3	5,4	48,00	379,80	
3 – Cimento	9 m^3 x 6 saco/m^3 de concreto	saco	54	15,50	259,20	
4 – Ferro **[10]**	9 m^3 x 90 kg/m^3 de concreto	kg	810	**[11]** 3,11	853,20	
5 – Ferreiro **[12]**		kg	810	1,36	2.519,10	
6 – Fôrmas (madeiramento) **[13]**	75 m x 0,3 m x 2 + 65 m x 0,4 m x 2 = 97 m^2	m^2	97	16,30	1.101,60	
7 – Carpinteiro **[14]**		m^2	97	17,70	1.581,10	6.877,87
IV — PILARES DE CONCRETO Previsão: 17 de 0,22 m x 0,35 m x 3,2 m = 4,2 m^3 **[15]**						
1 – Pedra **[16]**	4,2 m^3 x 1 m^3/m^3 de concreto	m^3	4,2	42,00	596,00	
2 – Areia **[17]**	4,2 m^3 x 0,6 m^3/m^3 de concreto	m^3	2,5	48,00	420,00	
3 – Cimento **[18]**	4,2 m^3 x 6 saco/m^3 de concreto	saco	25	15,80	395,00	
4 – Ferros **[19]**	4,2 m^3 x 90 kg/m^3 de concreto	kg	380	3,11	1.181,80	
5 – Ferreiro **[20]**		kg	380	1,36	1.010,60	
6 – Fôrmas (madeiramento) **[21]**	17 x 3,2 m x (2 x 0,22 m + 2 x 0,35 m)	m^2	62	16,30	1.097,60	
7 – Carpinteiro **[22]**		m^2	62	17,70	1.097,40	5.798,40
				A transportar		**37.835,47**

Descrição	Cálculo	Unidade	Quantidade	Preço unitário R$	Subtotais R$	Totais R$
Continuação					Transporte	37.835,47
V — LAJES E VIGAS (laje de piso do pavimento superior) **[23]** Volume: do corpo principal 126,7 m^2 x 0,12 m = 15,2 m^3 Volume: da edícula 35,4 m^2 x 0,1 m = 3,54 m^3 – Volume total 18,74 m^3						
1 – Pedra **[24]**		m^3	19	42,00	798,00	
2 – Areia **[25]**	19 m^3 x 0,8 m^3/m^3 de concreto	m^3	11,40	48,00	547,20	
3 – Cimento **[26]**	19 m^3 x 6 saco/m^3 de concreto	saco	114	15,80	1,810,20	
4 – Ferro **[27]**	19 m^3 x 110 kg/m^3 de concreto	kg	2.090	3,11	6.490,90	
5 – Ferreiro **[28]**		kg	2.090	1,36	2.842,40	
6 – Formas (madeiramento) **[29]**		m^2	195	16,30	3.178,50	
7 – Carpinteiro **[30]**		m^2	195	17,70	3.451,50	19.118,70
VI — ALVENARIA (Tijolos comuns) **[31]** Sobre vigas baldrame						
altura média = 0,4 **[32]**	(meio-tijolo) 75 m x 0,4 m = 30 m^2 **[33]** (um tijolo) 65 m x 0,4 m = 26 m^2 **[34]**					
Pavimento térreo: corpo principal	(um tijolo) 44,6 m x 3,2 m = 142,72 m^2 (meio-tijolo) 30,7 m x 3,2 m = 98,24 m^2					
Pavimento térreo: edículas	(um tijolo) 15,4 m x 3,2 m = 49,28 m^2 **[35]** (meio-tijolo) 18,4 m x 3,2 m = 59,52 m^2					
Pavimento superior: corpo principal	(um tijolo) 47,1 m x 3,2 m = 150,72 m^2 (meio-tijolo) 53,4 m x 3,2 m = 170,88 m^2					
Pavimento superior: edículas	(um tijolo) 15,4 m x 3,2 m = 49,28 m^2 **[36]** (meio-tijolo) 18,4 m x 3,2 m = 58,88 m^2					
Muretas de terraços etc. Oitões	(meio-tijolo) 9,3 m x 1 m = 9,3 m^2 **[37]** (um tijolo) 2 x 9,1 m x 1,4 m – 2 = 12,74 m^2 **[38]** Subtotal de um tijolo = 430,74 m^2 **[39]** Vãos a descontar = 40,08 m^2 **[40]** Total de um tijolo = 390,66 m^2 **[41]** Subtotal de meio-tijolo = 426,82 m^2 **[42]** Vãos a descontar = 69,42 m^2 **[43]** Total de meio-tijolo = 357,4 m^2 **[44]**					
1 – Tijolos comuns	390,66 m^2 x 150 = 58.600 357,4 m^2 x 80 = 28.600 = 87.200 **[45]**	milheiro	87,2	120,00		10.464,00
					A transportar	67.418,17

Descrição	Cálculo	Unidade	Quantidade	Preço unitário R$	Subtotais R$	Totais R$
Continuação ALVENARIA					Transporte	67.418,17
Argamassa de assentamento	87,2 m^2 x 0,7 m = 61 m^3 **[46]**					
Argamassa de revestimento grosso (emboço) **[47]**	430,74 m + 426,82 m = 858 m^2 858 m^2 x 0,06 m = 52 m^3 Total de argamassa = 61 m^3 + 52 m^3 **[48]**					
2 – Areia **[49]**		m^3	113	48,00	5.424,00	
3 – Cal hidratada **[50]**	113 m^3 x 8 saco/m^3 de concreto	saco 20 kg	904	6,90	6.237,60	
4 – Cimento **[50]**	113 m^3 x 2 saco/m^3 de concreto	saco	226	15,80	3.570,80	
5 – Massa fina **[51]**	858 m^2 x 10 kg/m^2	kg	8.580	0,75	6.435,00	21.667,40
VII — IMPERMEABILIZAÇÃO DOS ALICERCES (com impermeável gorduroso) 140 m x 1 m x 0,02 m = 2,8 m^3 = 3 m^3 **[52]**						
1 – Areia	1 m^3 x 1 m^3/m^3 de argamassa **[53]**	m^3	3	48,00	144,00	
2 – Cimento	3 m^3 x 8 saco/m^3 **[54]**	saco	24	15,80	379,20	
3 – Impermeável	24 sacos x 5 kg/saco de cimento **[55]**	kg	120	15,00	1.800,00	2.323,20
VIII — FORROS (do corpo principal e da edícula)						
1 – Laje mista **[56]**	Área; 126,7 m + 35,4 m = 162,1 m^2	m^2	162	22,00	3.654,00	
2 – Escoramento, pontaletes 3" x 3"	162 m^2 x 0,8 = 130 peças de 3 m **[57]**	m	390	5,10	1.989,00	
tábuas 1" x 12"	162 m^2 x 0,7 = 115 m **[58]**	m	115	4,00	460,00	6.103,00
Concreto para enchimento e proteção 162 m^2 x 0,05 m = 8,1 m^3 **[59]**						
3 – Pedra nº 1 **[60]**		m^3	8	42,00	336,00	
4 – Areia	8 m^3 x 0,6 **[61]**	m^3	5	48,00	240,00	
5 – Cimento	8 m^3 x 6 **[62]**	saco	48	15,80	758,40	1.334,40
Beirais com forro de estuque (largura de 0,8 m) **[63]** Área: 68 m x 0,8 = 54,4 m^2 **[64]**						
1 – Sarrafos de 10 cm (1" x 4")	54,4 m^3 x 3 m/m^3 de concreto **[65]**	m	165	4,68	120,45	
2 – Sarrafos de 5 cm (1" x 2")	54,4 m^3 x 3 m/m^3 de concreto **[66]**	m	165	2,62	61,05	
3 – Tela metálica **[67]**		m^2	60	5,48	27,00	
4 – Carpinteiro **[68]**		m^2	60	17,70	299,40	507,90
					A transportar	99.417,07

Descrição	Cálculo	Unidade	Quantidade	Preço unitário R$	Subtotais R$	Totais R$
Continuação FORROS					Transporte	99.417,07
Argamassa de enchimento e revestimento 60 m^2 x 0,24 m = 2,4 m **[69]**						
5 – Areia **[70]**		m^3	3	48,00	114,00	
6 – Cal	3 m^3 x 8 saco/m^3 de argamassa **[71]**	saco 20 kg	24	6,90	165,60	
7 – Cimento	3 m^3 x 2 saco/m^3 de argamassa **[72]**	saco	6	15,80	95,80	
8 – Massa fina	60 m^2 x 10 kg/m^2 **[73]**	kg	600	0,75	450,00	825,40
IX — TELHADO (com telha paulista sobre madeiramento de peroba) Área: do corpo principal = 167, 36 m^2, da edícula = 49,56 m^2. Total = 220 m^2 **[74]**						
1 – Madeiramento (cambara)	220 m^2 x 0,03 m **[75]**	m^3	6,6	1.280,00	8.448,00	
2 – Carpinteiro **[76]**		m^2	220	15,90	3.498,00	
3 – Telhas (capa e canal)	220 m^2 x 32 telha **[77]**	milheiro	7	802,43	5.617,01	
4 – Pregos	220 m^2 x 0,1 kg/m^2 **[78]**	kg	22	10,00	220,00	17.783,01
X — PREPARAÇÃO DE PISOS (sobre o solo) **[79]** Área: do corpo principal = 123,5 m^2, da edícula = 35,4 m^2. Total = 160 m^2 **[80]** Volume de concreto 1:3:5 – 160 m^2 x 0,06 = 10 m^3 **[81]**						
1 – Pedra	10 m^3 x 1 m^3/m^3 de concreto	m^3	10	42,00	420,00	
2 – Areia	10 m^3 x 0,6 m^3/m^3 de concreto	m^3	6	48,00	288,00	
3 – Cimento	10 m^3 x 5 sacos/m^3 de concreto **[82]**	saco	50	15,80	790,00	1.498,00
XI — TACOS						
1 – Sala de estar = 33,93 m^2 Sala de jantar = 18,2 m^2 *Hall* inferior = 9,5 m^2	Taco tipo 1 **[83]** área total = 61,63 m^2	m^2	62	68,00	4.216,00	
2 – *Hall* superior = 13,07 m^2 Dormitório 1 = 16,1 m^2 Dormitório 2 = 19,8 m^2 Dormitório 3 = 15 m^2 Dormitório 4 = 15,7 m^2 Armários = 12,7 m^2	Taco tipo 2 **[84]** área total = 92,37 m^2	m^2	93	68,00	6.324,00	10.540,00
					A transportar	130.069,50

Descrição	Cálculo	Unidade	Quantidade	Preço unitário R$	Subtotais R$	Totais R$
Continuação TACOS					Transporte	130.069,50
3 – Dormitório 1, edícula = 9 m^2 Dormitório 2, edícula = 12 m^2 Sala de costura, edícula = 9 m^2	Taco tipo 3 **[85]** área total = 30 m^2	m^2	30	68,00	2.040,00	2.040,00
Argamassa: cimento areia (1:3) 185 m^2 x 0,05 m = 9,2 m^3 **[86]**						
4 – Areia **[87]**		m^3	10	48,00	480,00	
5 – Cimento	10 m^3 x 8 saco/m^3 de argamassa **[88]**	saco	80	15,80	1.264,00	
6 – Rodapés e cordões	(incluindo pregos e colocação) **[89]**	m	195	3,00	585,00	2.329,00
XII — GRANILITO Copa = 13,65 m^2 – Lavabo = 2,34 m^2 – Cozinha = 10,24 m^2 – Banheiro = 7 m^2 **[90]** – Meio-banho = 3,7 m^2						
1 – Piso	Área **[91]**	m^2	37	35,00	1.295,00	
2 – Rodapés		m	53	10,00	530,00	
3 – Tiras de plástico (juntas) **[92]**		m	110	6,18	679,80	
4 – Soleiras **[93]**		m	7	25,00	175,00	
Argamassa de preparação 37 m^2 x 0,02 m = 1 m^3 **[94]**						
5 – Areia	1 m^3 x 1 m^3/1 m^3 de argamassa	m^3	1	48,00	48,00	
6– Cimento	1 m^3 x 8 sacos/m^3 de argamassa	saco	8	15,80	174,40	2.902,20
XIII — PISOS DE LADRILHOS (Lajotas)						
1 – Retangular 7,5 cm x 15 cm **[96]** Garagem = 18,45 m^2 Lavanderia e WC = 7,66 m^2 Banheiro da edícula = 4 m^2 Patamar de cozinha = 2,36 m^2 Terraço superior = 9,68 m^2	Área total = 42,15 m^2	m^2	42	25,50	1.050,00	
2 – Cacos de cerâmica, escada da edícula	Área **[97]**	m^2	8	8,27	66,16	
3 – Rodapé boleado		m	56	3,40	190,40	
4 – Retangular 10 x 20 (esmaltado)	Terraço principal **[98]**	m^2	16	28,30	452,80	
5 – Rodapé especial para terraço		m	9	32,00	288,00	
Argamassa de assentamento 68 m^2 x 0,05 m = 3,5 m^3 **[99]**						
6 – Areia		m^3	3,5	48,00	168,00	
7 – Cimento	3,5 m^3 x 8 sacos/m^3 de argamassa	saco	28	15,80	442,40	2.657,76
					A transportar	139.998,40

Descrição	Cálculo	Unidade	Quantidade	Preço unitário R$	Subtotais R$	Totais R$
Continuação					**Transporte**	**139.998,40**
XIV — PISOS DE PEDRAS Arenito rústico, incluindo mão de obra, área total = 138 m^2 **[100]** Concreto de base só na entrada de auto 1:3:5, área 2,5 m x 30 m = 75 m^2 – Volume = 75 m^2 x 0,08 m = 6 m^3 **[101]**						
1 – Pedra	6 m^3 x 1 m^3/m^3 de concreto	m^3	6	42,00	252,00	
2 – Areia	6 m^3 x 0,6 m^3/m^3 de concreto	m^3	4	48,00	192,00	
3 – Cimento	6 m^3 x 5 saco/m^3 de concreto	saco	30	15,80	474,00	
4 – Arenito		m^2	138	92,00	12.696,00	13.614,00
Argamassa de assentamento da pedra 138 m^2 x 0,05 = 7 m^3						
5 – Areia	7 m^3 x 1 m^3/m^3 de argamassa	m^3	7	48,00	336,00	
6 – Cal (8 sacos de 20 kg/m^3)	7 m^3 x 8 saco/m^3 de argamassa	saco 20 kg	56	6,90	386,40	
7 – Cimento (2 sacos de 50 kg/m^3)	7 m^3 x 2 saco/m^3 de argamassa	saco	14	15,80	221,20	14.557,60
XV — AZULEJOS						
1 – Azulejos brancos, cozinha e copa, até o forro Lavanderia, WC, garagem e banheiro da edícula, até 1,50 m	Áreas: 36 m^2 + 38,75 m^2 = 75 m^2 **[102]** Áreas: 9,15 m^2 + 6 m^2 + 24 m^2 + 9,80 m^2 = 49 m^2	m^2	124	13,15	1.630,60	
2 – Calhas externas brancas **[103]**	29,5 m x 7	peça	210	5,90	1.239,00	
3 – Faixas brancas, só na edícula **[104]**		m	34	7,00	238,00	
4– Azulejos decorados **[105]**	Área: banheiro principal = 34 m^2 Meio-banho = 22 m^2 Lavabo = 19 m^2	m^2	75	14,30	1.072,50	4.180,10
Argamassa de assentamento **[106]** Área total 124 m^2 + 75 m^2 = 200 m^2 – Volume = 200 m^2 x 0,03 m = 6 m^3						
5 – Areia	6 m^3 x 1 m^3/m^3 de argamassa	m^3	6	48,00	288,00	
6 – Cal	6 m^3 x 6 sacos/m^3 de argamassa	saco 20 kg	48	6,90	331,20	
7 – Cimento	8 m^3 x 2 sacos/m^3 de argamassa	saco	12	15,80	189,60	
8 – Cimento branco (rejuntamento)	200 m^2 x 0,15 kg/m^2 **[107]**	kg	30	18,00	540,00	5.528,90
XVI — REVESTIMENTO DE PEDRAS						
Na fachada: pedra de Minas **[108]**		m^2	28	217,30	6.084,40	
Embasamento: granilito rústico	Área 572 m x 0,8 m **[109]**	m^2	35	187,00	6.545,00	12.629,40
					A transportar	**190.508,40**

Descrição	Cálculo	Unidade	Quantidade	Preço unitário R$	Subtotais R$	Totais R$
Continuação REVESTIMENTO DE PEDRAS					Transporte	**190.508,40**
Argamassa de assentamento (cal e areia 1:3, com 2 sacos de cimento x m^2) 63 m^2 x 0,06 m = 4 m^3 **[110]**						
1 – Areia		m^3	4	48,00	192,00	
2 – Cal hidratada	4 m^3 x 8 saco/m^3 de argamassa	saco 20 kg	32	6,90	220,80	
3 – Cimento	4 m^3 x 2 saco/m^3 de argamassa	saco	8	15,80	126,46	539,60
XVII — GESSO **[111]**						
Na cimalha nos cantos entre parede e forro (em todo o corpo principal)		m	212	30,59	6.485,08	6.485,08
XVIII — APARELHOS SANITÁRIOS **[112]**						
1 – No quarto de banho (água fria e quente) em banheira 5 pés, com aparelho misturador **[113]**. Lavatório com coluna **[114]**. Bidê com ducha e aparelho **[115]**. Bacia com tampa plástica e válvula de descarga. Chuveiro com aparelho misturador. Armário com espelho sobre o lavatório. Porta-papel (1), porta-toalhas (2), saboneteira (2), cabides (2) e louça de cor com metais de 1ª **[116]**.		verba **[117]**			3.549,18	
2 – No meio-banho (água fria e quente) em lavatório com coluna e aparelho misturador, sifão niquelado. Bacia com tampa plástica e válvula de descarga. Box para chuveiro com aparelho misturador. Armário com espelho sobre o lavatório. Porta-papel (1), porta-toalha (1), saboneteira (1), cabide (1) e louça de cor com metais de 1ª.		verba			1.123,00	
3 – No lavabo (água fria e quente) em lavatório com coluna e aparelho misturador, sifão niquelado. Bacia com tampa plástica e válvula de descarga. Armário com espelho sobre o lavatório. Porta-papel (1), porta-toalha (1) e louça de cor com metais de 1ª.		verba			800,00	5.472,18
					A transportar	**203.005,30**

Descrição	Cálculo	Unidade	Quantidade	Preço unitário R$	Subtotais R$	Totais R$
Continuação APARELHOS SANITÁRIOS					Transporte	203.005,30
4 – Na edícula, WV e banheiro do andar superior (só com água fria). Bacia com tampa plástica e válvula de descarga (2). Lavatório simples, 2 torneiras, sifão niquelado, Armário com espelho sobre o lavatório, Bidê com ducha e aparelho. Chuveiros elétricos automáticos (2), porta-papéis (2), porta-toalhas (2), cabides (2) e saboneteiras (2)		verba			868,00	868,00
Diversos						
5 – Mesa de mármore (3,2 m x 0,7 m) x 0,6 com buracos para 2 pias n° 1	Área = 3,9 m x 0,6 m **[118]**	m^2	2,34	960,00	2.246,40	
6 – 2 pias n° 1, 2 aparelhos misturadores, válvulas e sifões niquelados **[119]**		peça	2	780,00	1.560,00	
7 – Torneira para filtro com registro, vela e pedra de mármore		peça	1	430,00	430,00	
8 – Tanque de granito com torneira, válvula de chumbo		peça	1	300,00	300,00	
9 – Caixas de concreto com 1.000 litros (2 no corpo principal e 1 na edícula)	**[120]**	peça	3	310,00	930,00	
10 – Aparelhos de aquecimento central 150 litros (elétrico) **[121]**		peça	1	1.200,00	1.200,00	6.666,40
XIX — INSTALAÇÃO HIDRÁULICA **[122]**						
1 – Água quente e fria com tubulação de ferro galvanizado, segundo o projeto; alimentação de água fria em todos os aparelhos do item XVIII; alimentação de água quente nos seguintes cômodos; banheiro principal, constando de banheira, chuveiro, lavatório e bidê; meio-banho com lavatório e chuveiro; lavabo com lavatório; cozinha com aparelhos misturadores nas duas pias. Água quente no banheiro da edícula, apenas no chuveiro elétrico.						
					A transportar	210.539,70

Descrição	Cálculo	Unidade	Quantidade	Preço unitário R$	Subtotais R$	Totais R$
Continuação INSTALAÇÃO HIDRÁULICA					Transporte	210.539,70
2 – Esgoto misto, de barro e ferro, conduzindo para a fossa séptica e depois para a fossa negra.						
3 – Para águas pluviais: calhas em todos os beirais (embutidas), condutores em chapa de folha e condução subterrânea sob o abrigo de automóvel, em barro. A subempreitada será para profissional habilitado de toda a mão de obra e com todo o material bruto; tubos, conexões, estopa, asfalto, manilhas de barro para funilaria etc. Os materiais de acabamento, isto é, aparelhos sanitários descritos no item IX ficam fora desta subempreitada.		verba			18.200,00	18.200,00
XX — ESQUADRIAS DE MADEIRA **[123]**						
Pavimento térreo:						
1 – Porta de entrada do *hall* de cedro, envidraçada com 0,8 m x 2,2 m, batente de peroba, guarnição de cedro		peça	1	1.380,00	1.380,00	
Grade de proteção	0,66 m x 1,85 m **[124]**	m^2	1,22	176,00	97,60	
Ferragens: fechadura tipo cilindro, 3 dobradiças 4" e fechos de segurança **[125]**		verba			380,00	
2 – Porta do lavabo de cedro com 0,7 m x 2,1 m, em compensado liso, batente de peroba, guarnição de cedro.		peça	1	372,00	372,00	
Ferragens: 3 dobradiças 3 1/2", fechaduras tipo "livre e ocupado" **[126]**		verba			150,00	
3 – Porta da sala de jantar com copa, de cedro com 0,8 m x 2,1 m, em compensado liso, batente de peroba, guarnição de cedro **[127]**		peça	1	372,00	372,00	
Ferragens: 3 dobradiças 3 1/2", fechadura comum, espelhos e maçanetas especiais		verba			225,00	2.976,60
					A transportar	231.716,30

Descrição	Cálculo	Unidade	Quantidade	Preço unitário R$	Subtotais R$	Totais R$
Continuação ESQUADRIAS DE MADEIRA					Transporte	231.716,30
4 – Porta do *hall* com a cozinha de cedro, com 0,8 m x 2,1 m, em compensado liso, batente de peroba, guarnição de cedro		peça	1	219,00	219,00	
Ferragens: 3 dobradiças 3 1/2", fechadura comum, espelhos e maçanetas especiais		verba			225,00	
5 – Porta de saída da cozinha de cedro com 0,7 m x 2,1 m, envidraçada, batente de peroba, guarnição de cedro		peça	1	120,00	120,00	
Grade de proteção	0,56 m x 1,75 m	m^2	0,98	80,00	150,00	
Ferragens: 3 dobradiças 3 1/2", fechaduras tipo cilindro, 2 fechos de segurança		verba			225,00	
6 – Porta da sala de costura de cedro com 0,7 m x 2,1 m, 5 almofadas rebaixadas, batente de peroba, guarnição de cedro		peça	1	120,00	150,00	
Ferragens: 3 dobradiças de 3 1/2", fechaduras tipo cilindro		verba			225,00	1.314,00
Pavimento superior:						
7 – Portas dos 4 dormitórios com o *hall* de cedro com 0,8 m x 2,1 m, em compensado liso, batente de peroba, guarnição de cedro		peça	4	482,00	1.928,00	
Ferragens: 12 dobradiças de 3 1/2", 4 fechaduras comuns		verba			712,00	
8 – Portas dos 2 banheiros com o *hall* de cedro com 0,7 m x 2,1 m, compensado liso, batente de peroba, guarnição de cedro		peça	2	482,00	864,00	
Ferragens: 6 dobradiças de 3 1/2", 2 fechaduras tipo "livre-ocupado"		verba			306,00	
9 – Porta do dormitório 4 com o terraço de cedro com 0,7 m x 2,1 m, 5 almofadas rebaixadas, batente de peroba, guarnição de cedro		peça	1	482,00	482,00	
Ferragens: 3 dobradiças de 3 1/2", fechaduras comuns, 2 fechos de segurança		verba			153,00	4.445,00
					A transportar	237.475,30

Descrição	Cálculo	Unidade	Quantidade	Preço unitário R$	Subtotais R$	Totais R$
Continuação ESQUADRIAS DE MADEIRA					Transporte	237.475,30
Edícula:						
10 – Porta da garagem **[128]** de cedro com 2,8 m x 2,1 m, 4 folhas envidraçadas, batente de peroba, guarnição de cedro		peça	peça	217.371,36	2.200,00	
Ferragens; 12 dobradiças de 4", 1 fechadura comum, 6 fechos tipo alavanca de 20 cm		verba			618,00	
11 – Porta do WC de cedro com 0,6 m x 2,1 m, em compensado liso, batente de peroba, guarnição de cedro		peça	1	482,00	482,00	
Ferragens: 3 dobradiças de 3 1/2", 2 fechos comuns		verba			712,00	
12 – Porta dos dormitórios com o *hall* e banheiro com *hall* de cedro com 0,7 m x 2,1 m, em compensado liso		peça	3	482,00	1.446,00	
Ferragens: 9 dobradiças 3 1/2", 3 fechaduras comuns		verba			459,00	
13 – Janelas dos dormitórios em cedro com 1,1 m x 1,2 m, com folhas de venezianas, 2 folhas de guilhotina		peça	2	1.200,00	2.400,00	
Ferragens: 24 dobradiças 3" e 2 cremarias, 2 pares de levantadores 2 pares de borboletas		verba			640,00	
14 – Armários sob as pias da cozinha com 2,4 m x 0,6 m, 3 folhas de correr, em compensado liso de cedro		peça	1	1.000,00	1.000,00	
Folha de abrir 0,8 m x 0,6 m em compensado liso de cedro		peça	1	569,00	569,00	
Ferragens: 4 puxadores, 2 molas tipo "bola", 4,8 m de trilhos, 6 carretilhas		verba			280,00	
15 – Carpintaria para colocação de esquadrias: vãos **[129]**		vão	48	200,00	9.600,00	20.406,00
					A transportar	257.881,30

Descrição	Cálculo	Unidade	Quantidade	Preço unitário R$	Subtotais R$	Totais R$
Continuação					Transporte	257.881,30
XXI — ESQUADRIAS DE FERRO **[130]**						
1 – Porta da entrada principal	1,8 m x 2,7 m, 2 folhas de abrir	m^2	4,86	204,00	991,44	
2 – Caixilho da sala de estar	4,3 m x 2,6 m, misto; de correr, básculo e fixo com grade	m^2	11,18	204,00	2.280,72	
3 – Caixilho da sala de jantar	3 m x 1 m, de correr com grade	m^2	3	204,00	612,00	
4 – Caixilhos da copa e cozinha	2 de 1,8 m x 1 m, basculantes com grade	m^2	3,8	204,00	734,40	
5 – Caixilho do lavabo	1 m x 1 m, basculante com grade	m^2	1	204,00	204,00	
6 – Caixilho do armário sob a escada	1 m x 1 m, basculante com grade	m^2	1	204,00	204,00	
7 – Caixilho da sala de costura	1,2 m x 1 m, basculante com grade	m^2	1,2	204,00	244,80	
8 – Caixilho do *hall* superior	1,5 m x 1,5 m, basculante	m^2	2,25	204,00	459,00	
9 – Caixilho do meio-banho	1 m x1 m, basculante	m^2	1	204,00	204,00	
10 – Caixilho do banheiro	1,4 m x 1 m, basculante	m^2	1,4	204,00	285,60	
11 – Caixilho da garagem	1 m x 1,5 m, basculante	m^2	1,5	204,00	306,00	
12 – Caixilho do WC	0,8 m x 0,8 m, basculante	m^2	0,64	204,00	130,56	
13 – Caixilho da escada da edícula	0,8 m x 1,2 m, basculante	m^2	0,98	204,00	195,84	
14 – Caixilho do banheiro da edícula	1,2 m x 1 m, basculante	m^2	1,2	204,00	244,80	
15 – Portão maior	2,5 m x 0,8 m, 2 folhas	m^2	2	150,00	300,00	
16 – Portão menor	1 m x 0,8 m, 1 folha	m^2	0,8	150,00	120,00	
17 – Gradil	8,5 m x 0,8 m **[131]**	m	8,5	180,00	1.530,00	9.047,16
XXII — CAIXILHOS ESPECIAIS						
Janelas para os quatro dormitórios em conjunto ideal ou similar, completo, com contorno em madeira	1,4 m x 1,2 m **[132]**	peça	4	750,00	3.000,00	3.000,00
XXIII — VIDRO (inclusive colocação) **[133]**						
1 – Duplo, com 4 mm, nas janelas: da sala de estar, sala de jantar e nos 4 dormitórios; nas portas da sala de estar, entrada do *hall*, saída da cozinha e garagem		m^2	31,92	102,00	3.255,84	3.255,84
					A transportar	273,184,30

Descrição	Cálculo	Unidade	Quantidade	Preço unitário R$	Subtotais R$	Totais R$
Continuação VIDRO					Transporte	273,184,30
2 – Simples nas janelas: do armário sob a escada, copa, cozinha, sala de costura, *hall* da edícula e nos dois dormitórios da edícula		m^2	11,65	62,00	722,30	
3 – Fantasia nas janelas: do lavabo, meio-banho, banheiro, WC e banheiro da edícula		m^2	5,28	50,08	264,24	4.242,38
XXIV — ELETRICIDADE; TELEFONE **[134]** Distribuição quantitativa de pontos (conforme planta)						
Sala de estar: 2 pontos (1 paralelo) e 5 tomadas Sala de jantar: 1 ponto e 3 tomadas *Hall* inferior: 2 pontos e 3 tomadas Armário sob a escada: 1 ponto Lavabo: 2 pontos e 1 tomada Copa: 1 ponto e 4 tomadas Cozinha: 1 ponto e 3 tomadas Sala de costura: 1 ponto e 2 tomadas *Hall* superior: 2 pontos e 2 tomadas (1 em paralelo) Dormitório 1: 1 ponto e 4 tomadas Dormitório 2: 1 ponto e 4 tomadas Dormitório 3: 1 ponto e 4 tomadas Dormitório 4: 1 ponto e 4 tomadas Meio-banho: 2 pontos e 1 tomada Banheiro: 2 pontos e 2 tomadas Exterior: 6 pontos						
Edícula:						
Garagem: 2 pontos e 2 tomadas WC: 1 ponto *Hall*: 2 pontos (1 paralelo) e 2 tomadas Nos 2 dormitórios: 2 pontos e 4 tomadas Banheiro: 1 ponto e 1 tomada Exterior: 2 pontos						
Diversos:						
Campainha com botão no portão e som na cozinha						
					A transportar	277.426,70

Descrição	Cálculo	Unidade	Quantidade	Preço unitário R$	Subtotais R$	Totais R$
Continuação ELETRICIDADE; TELEFONE					Transporte	277.426,70
Diversos:						
Campainha com botão no *hall* superior e som no dormitório 1 da edícula Campainha com botão na sala de jantar (chão e som na cozinha) Ponto para exaustor na cozinha Ligação de aquecedor central (220V) no forro Chuveiro elétrico no WC e no banheiro da edícula Telefone: ponto no *hall* inferior com extensão para o dormitório 2 Característica do serviço: colocação de poste e caixa de ferro no alinhamento e passagem subterrânea para caixa geral de distribuição no armário sob a escada Passagem subterrânea da casa para a edícula, condutos pesados, fios plásticos, tomadas e interruptores de 1ª; espelhos de plástico em geral, exceto na parte social (salas de estar e de jantar e *hall* inferior) que serão com espelhos de cristal O serviço será contratado pelo sistema de subempreitada, cabendo ao subempreteiro o fornecimento de toda a mão de obra (inclusive leis sociais) e todo o material, exceto os aparelhos elétricos como lustre, aquecedor central, chuveiros elétricos, exaustores etc.		verba			19.610,00	19.610,00
XXV — PINTURA **[135]**						
1 – Caiação nas paredes externas em todos os forros; nas paredes acima dos azulejos (edícula) da garagem, lavanderia, WC, *hall*, banheiro **[136]**		m^2	960	6,2	5.952,00	
2 – Com tinta à base de látex nas paredes: da sala de estar e saia de jantar, dos *halls* inferior e superior, do armário sob a escada, lavabo, 4 dormitórios, meio-banho, banheiro superior **[137]**		m^2	480	18,32	8.793,60	14.745,60
					A transportar	311.782,30

Descrição	Cálculo	Unidade	Quantidade	Preço unitário R$	Subtotais R$	Totais R$
Continuação PINTURA					Transporte	311.782,30
3 – Com têmpera, nas paredes da sala de costura e nos dois dormitórios da edícula **[138]**		m^2	108	15,75	1.701,00	
4 – Nas esquadrias de ferro, com esmalte de 1ª, área simples **[139]**		m^2	124	28,00	4.712,00	
5 – Nas esquadrias de madeira externas com esmalte de 1ª; área (3 vezes a área dos vãos livres) **[140]**		m^2	72	28,00	2.016,00	
6 – Esquadrias de madeira internas, com esmalte polido trabalhado sobre cavalete **[141]**		m^2	162	62,30	10.092,60	18.521,60
XXVI — LIMPEZA FINAL **[142]**						
1 – Raspagem de tacos		m^2	185	60,00	11.100,00	
2 – Aplicação de verniz sintético sobre os tacos		m^2	185	52,00	9.620,00	
3 – Limpeza dos vidros		m^2	49	25	1.225,00	
4 – Limpeza dos azulejos		m^2	158	25	3.950,00	
5 – Limpeza dos pisos cerâmicos		m^2	58	25	1.450,00	
6 – Limpeza de revestimento de pedras de Minas		m^2	28	25	700,00	
7 – Limpeza de revestimento de pedras granito		m^2	35	25	875,00	
8 – Limpeza de piso de pedras		m^2	138	25	3.450,00	32.370,00
XXVII —ARMÁRIOS EMBUTIDOS						
A subdivisão interna completa prevista está neste orçamento. Revestimento de chapa compensada em todas as paredes laterais e tetos sobre ripamento em quadriculado, área total dos armários do pavimento superior		m^2	35	1.080,00	38.700,00	38.700,00
					A transportar	401.373,90

Descrição	Cálculo	Unidade	Quantidade	Preço unitário R$	Subtotais R$	Totais R$
Continuação					**Transporte**	**401.373,90**
XXVIII — MÃO DE OBRA DE PEDREIRO **[143]**						
O serviço será contratado pelo sistema de subempreitada em empresa registrada, cabendo a ela o fornecimento de toda a mão de obra de pedreiro em gerai; incluso armador e carpinteiro para concreto, telhado, esquadrias; inclusa mão de obra para todos os acabamentos: tacos, granilito, pastilhas, pedras, cerâmicas etc.; inclusas também as despesas com leis sociais; incluso fornecimento de ferramentas e madeiramento para andaimes. Não se inclui nenhum material de construção. Cálculo aproximado a ser conempresado pelas propostas dos empreiteiros interessados: Área do corpo principal 250 m^2		m^2	250	387,00	96.750,00	
Área da edícula 71 m^2		m^2	71	387,00	24.477,00	121.227,00
SUBTOTAL						522.600,90
TAXA DE ADMINISTRAÇÃO 10% sobre o subtotal **[144]**						52.260,09
TOTAL GERAL						**574.861,00**
574.861,00/321 m^2 = R$ 1.790,84 por metro quadrado						

EXPLICAÇÃO DO CÁLCULO DE QUANTIDADE E ORÇAMENTO

Usaremos como processo para ligação entre o que estará sendo aqui explicado e orçamento o sinal convencional [ ] contendo um número. O sinal e número serão colocados, no orçamento, sobre o assunto que queremos explicar e aqui serão repetidos o sinal e o número seguidos da explicação.

A estruturação geral é a seguinte, a partir da esquerda: número em algarismo romano: número do capítulo principal; número expresso em algarismos arábicos: os itens secundários nos quais se subdivide o capítulo principal; assim, quando nos referimos às vigas baldrame, que pertencem ao item III, os itens secundários são:

1 pedra;
2 areia;
3 cimento;
4 aço;
5 ferreiro;
6 fôrmas (madeiramento);
7 carpinteiro.

São os materiais e mãos de obra (exceto pedreiro) que entram na elaboração do concreto para as vigas de baldrame.

A seguir vem o texto do capítulo, em que procuramos usar o critério de máximo resumo possível para não nos alongarmos muito.

As cinco colunas finais têm a seguinte finalidade:

- *Unidade*: nesta coluna é colocada a unidade de medida empregada para determinar a quantidade: m^3, m^2, m (metro linear), saco, kg, peça, vão etc.
- *Quantidade*: onde se coloca o número que expressa a quantidade.
- *Preço unitário*: claro que o preço é referente a uma grandeza unitária na modalidade utilizada.
- *Subtotais*: esta coluna é colocada para conter o produto da quantidade pelo preço unitário, ao mesmo tempo que deixa livre a coluna seguinte, que tem outra finalidade.
- *Totais*: nesta coluna serão feitas as somas das importâncias de cada capítulo principal separadamente. De grande utilidade, porque somando-se, por exemplo, o item XVII, vemos que a importância despendida com o revestimento de pedras é de R$ 3.549,96, podendo-se assim saber quanto seria economizado se fosse abolido este revestimento. Na hipótese de substituição desse revestimento por outro diferente, calcula-se o custo deste último, verificando-se a diferença entre ambos.

No final de cada folha, só se deve registrar a adição da coluna de totais, pois a de subtotais poderá estar incompleta. Essa soma passa, como transporte, à folha seguinte.

Preços: queremos deixar bem claro que a colocação de preços nesse exemplo foi feita unicamente para dar senso de proporção aos diversos valores. Sem eles o orçamento ficaria com a aparência de irreal. No entanto, os valores variam tanto que, sem dúvida alguma, após a saída deste livro, parecerão ridículos comparados com a realidade. Porém, a variação dos preços não destrói entre eles uma certa proporção. Dessa maneira, o sentido de proporcionalidade dos valores se mantém e ajuda a dar, aos diversos capítulos, um exemplo de sua maior ou menor importância.

[1] No item I, serão colocadas as partes iniciais que não se encaixam bem nos itens seguintes.

[2] A maioria das prefeituras estabelece taxas para aprovação de plantas baseadas na área a ser construída. Essa área é a total construída, isto é, o somatório das áreas dos diversos andares e dos corpos, principal e edícula. A área coberta não, porque áreas cobertas com beirais e pérgulas não são computadas. No nosso exemplo, chegamos ao resultado 321 somando-se:

123,5 m^2	do pavimento térreo (principal)
126,7 m^2	do pavimento superior (principal)
35,4 m^2	do pavimento térreo (edícula)
35,4 m^2	do pavimento superior (edícula)
321 m^2	área total da construção

O preço unitário deve abranger aproximadamente todas as taxas que recaem sobre a aprovação e auto de vistoria final.

[3] Item mais ou menos indeterminado, de pequeno valor; é hábito determinarmos uma certa verba, já que o material empregado no barracão poderá ser novo ou usado, mas com plano de reaproveitamento após a demolição. Apenas para estabelecer um certo valor, diríamos que a verba deve corresponder ao custo de 10 milheiros de tijolos. Lembramos que a mão de obra estará incluída na empreitada de mão de obra de pedreiro (item XXIX). Barracão previsto com cerca de 15 m^2 (2,5 m × 6 m).

[4] Deve-se prever aproximadamente a duração da obra; no nosso exemplo, 8 meses; o valor mensal do pagamento será cerca de 15% do salário-mínimo. À primeira vista, parecerá irrisório tal pagamento, porém o guarda é, geralmente, um servente que já trabalha na obra e já tem seu ordenado correspondente e, portanto, este novo pagamento é apenas uma gratificação para que ele durma na obra e lá permaneça nos domingos e feriados, evitando roubos e depredações.

[5] A prática mostra que as sondagens para pequenas obras dificilmente são muito profundas; portanto, 15 m serão provavelmente suficientes; três perfurações são também o bastante para um terreno de 14 m × 36 m.

[6] Na verba total, estarão incluídos o material (tubos, conexões e registro) e mão de obra para o cavalete, bem como as taxas para o departamento de águas e esgotos local fazer a ligação e a taxa para a prefeitura proceder ao conserto da vala aberta. Para a luz, incluir poste, caixa de ferro, todos os materiais e mão de obra.

[7] Para maior sucesso de previsão no capítulo de estaqueamento, foram feitas indagações nas obras vizinhas, chegando-se à suposição (prudente) de que as estacas chegarão ao máximo de 10 m de comprimento. Quanto à previsão da quantidade de estacas, antes do cálculo de concreto armado, aconselhamos usar a constante de 1 estaca para 4 m^2 de área do pavimento térreo. Esse valor é tirado da prática e serve apenas para construções residenciais de 1 ou 2 pavimentos. É evidente que para prédios de maior porte (maior número de pavimentos), a previsão se tornará mais problemática, porque as soluções das fundações poderão ser outras.

[8] O preço por metro linear da estaca já inclui a sua cravação.

[9] Nesta etapa, toda a parte de concreto armado é mera suposição; o cálculo definitivo determinará as medidas e ferragens exatas, porém, no momento, necessitamos de uma previsão, mesmo que relativamente falha. Usaremos como critério a ideia de que serão aplicadas vigas baldrames sob todas as paredes, quer externas como internas, variando sua seção de 22 cm × 40 cm para as primeiras e 15 cm × 30 cm para as segundas; os valores 65 m e 75 m são as respectivas metragens lineares de paredes. O concreto para estrutura com traço 1:2, 5:4 é considerado corno sendo composto de:

1 m^3 de pedra por metro cúbico
0,6 m^3 de areia grossa por metro cúbico
6 sacos de cimento (50 kg) por metro cúbico (total 300 kg)

Essas quantidades parecem, à primeira vista, exageradas (principalmente pedra e areia), porém elas acompanham a realidade, já que abrangem as perdas desses materiais na obra e também perdas, em virtude das falhas, no volume dos caminhões (principalmente estas).

[10] A previsão de ferro é de 90 kg por m^3 de concreto (nas vigas baldrames).

[11] Já que não são conhecidas as bitolas, usar como preço o de bitola 3/8", porque representa a média ponderada dos valores, levando em consideração o consumo provável de cada bitola.

[12] Caso a mão de obra de ferreiro esteja incluída na mão de obra de pedreiro geral, deverá ser retirado este item. O pagamento é geralmente efetuado por quilograma de ferro trabalhado.

[13] A área calculada corresponde apenas às partes laterais das fôrmas porque, geralmente, nas vigas de baldrame não há fôrma no fundo, sendo usado o próprio terreno previamente preparado, nivelado e, às vezes, com um pouco de lastro de concreto magro para uniformizar.

O preço unitário é de R$ 8,40 por m^2; corresponde ao preço da tábua nova 1 dúzia de 1" × 12" (base 4,27 m) – R$ 126,00

$$12 \text{ tábuas de } 4{,}27 \text{ m} = 50 \text{ m lineares}$$
$$50 \text{ m} = 0{,}3 = 15 \text{ m}$$
$$\text{preço por m} = \frac{\text{R\$ } 126{,}00}{15 \text{ m}} = \text{R\$ } 8{,}40$$

Não está sendo considerado o reaproveitamento das tábuas, porque é de valor pequeno e porque não estamos calculando o madeiramento restante, sarrafos e pontaletes.

[14] O pagamento do carpinteiro é geralmente por m^2 de formas, contando-se as seguintes áreas:

a. **laje**: fundo e abas laterais;

b. **vigas**: fundo e duas faces laterais;
c. **pilares**: quatro lados;
d. **escadas**: área do fundo mais o somatório das áreas dos espelhos ou a área do fundo;
e. 2,5 a 3 vezes.

Caso o trabalho esteja incluído na empreitada geral de pedreiro, deverá ser retirado esse item.

[15] As quantidades e seções dos pilares são mera suposição. O cálculo de concreto armado posteriormente retificará os erros. Como se trata de planta onde, no pavimento superior, existem muitas paredes, sem o respectivo apoio de paredes do pavimento térreo prevemos, com algum pessimismo, há a necessidade de 17 pilares com a seção média de 22 cm × 35 cm.

[16] 1 m^3 de pedra para cada m^3 de concreto.

[17] 0,6 de m^3 de areia para cada m^3 de concreto.

[18] 6 sacos de cimento para cada m^3 de concreto (traço 1:2, 5:4).

[19] Para pilares podemos prever aproximadamente 90 kg de ferro por m^3.

[20] Também este item deverá ser retirado se o serviço estiver incluído na empreitada de pedreiro.

[21] O cálculo da área de formas é conseguido por perímetro do pilar × comprimento (altura) × número de pilares. O preço do madeiramento ainda foi considerado como o preço do m^2 de tábua 1" × 12" nova, sem acrescentar outras peças e sem considerar também o reaproveitamento.

[22] Observação igual à do **[20]**.

[23] Também mera suposição a ser conempresada por cálculo posterior.

Por um exame superficial da planta, verificamos a necessidade de diversas vigas e reforços de laje, que, no momento, seria difícil dimensionar. Consideramos mais prudente imaginar que o volume só da laje seria a área do piso, multiplicada pela espessura comum de 8 cm; porém, com as vigas e talvez alguns aumentos de espessura em certas áreas da laje, haverá um acréscimo geral de volume. A experiência nos diz que 50% de aumento seria razoável, daí tomarmos a área de laje do corpo principal e multiplicarmos pela espessura de 12 cm, isto é, aumento de 50% à espessura comum. Já na edícula, onde as peças têm menores vãos e há maior coincidência de parede sobre parede, multiplicamos a área da laje pela espessura média de 10 cm, havendo, portanto, um acréscimo de apenas 25%.

[24] 1 m^3 de pedra por m^3 de concreto.

[25] 0,6 m^3 de areia por m^3 de concreto.

[26] 6 sacos de cimento por m^3 de concreto.

[27] Igual ao **[19]**.

[28] Igual ao **[20]**.

[29] Observações iguais ao **[20]**.

[30] A área de formas considerada como sendo a área da laje acrescida de 20% para as prováveis vigas. O preço do madeiramento foi tomado em dobro, porque aqui o consumo de pontaletes de escoramento é grande e pode ser considerado em valor igual ao das tábuas.

[31] Para o cálculo da quantidade de tijolos, preferimos adotar o sistema de se obter a área das paredes, multiplicando-a pelo número de tijolos que são normalmente utilizados por metro quadrado; estas constantes para os tijolos nas dimensões atuais são: 80 para paredes de meio-tijolo, 150 para paredes de um tijolo e 230 para paredes de tijolo e meio de espessura.

É interessante notar que essas constantes variam (para mais) com o passar do tempo, porque os tijolos vão diminuindo: 25 cm × 12,5 cm × 6,3 cm em 1945, 24 cm × 12 cm × 6 cm em 1955, 22 cm × 11 cm × 5,5 cm em 1965, e, em 1975, 20 cm × 10 cm × 5 cm; encontramos até tijolos menores, na praça, alguns com apenas 4 cm de espessura. As constantes aqui referidas já contêm uma margem razoável para perdas no transporte, na descarga e na própria utilização.

Apenas para nos acostumarmos com o cálculo de quantidades práticas, vamos fazê-lo com o número de tijolos para m^2 de parede de um tijolo de espessura. Sabemos que os tijolos são dispostos em fiadas sucessivas de dois tipos, 1 e 2, que vemos na Figura 4.2 em vista lateral.

Figura 4.2

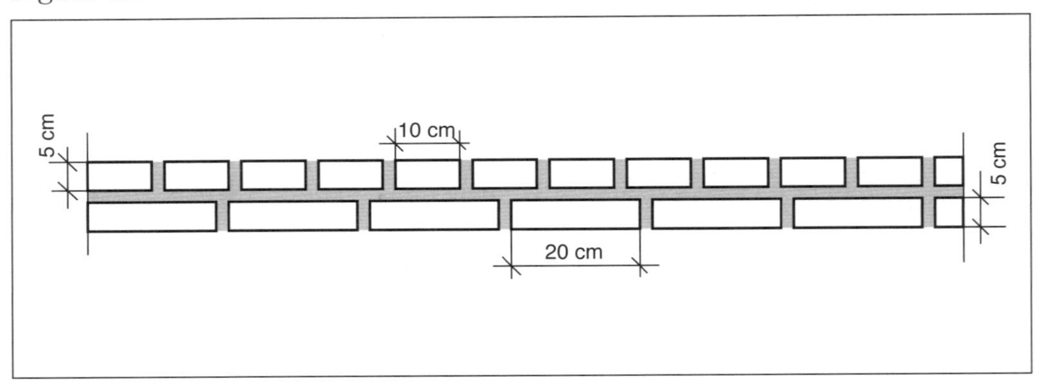

Consideramos a espessura da argamassa como 1,5 cm. Na fiada 1, cada tijolo ocupa a seguinte área (Figura 4.3):

Figura 4.3

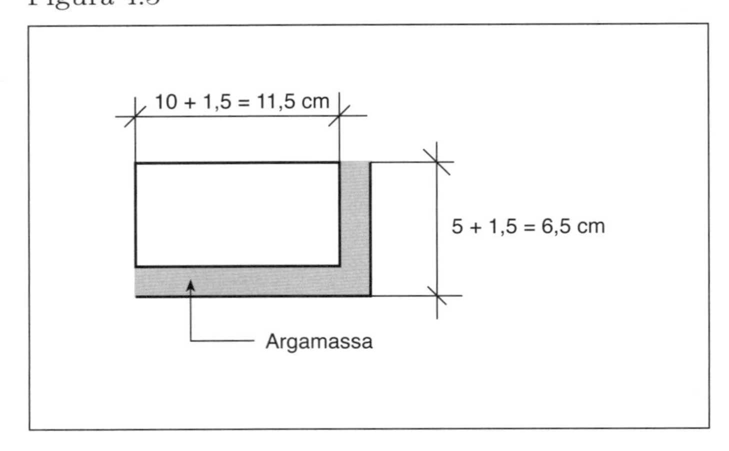

$$\text{Área: } 6{,}5 \text{ cm} \times 11{,}5 \text{ cm} = 74{,}75 \text{ cm}^2$$

$$\text{Número de tijolos por m}^2 \text{ de fiada 1} = \frac{10.000}{74{,}75} = 133{,}77 = N_1$$

Na fiada 2, cada tijolo ocupa a seguinte área (Figura 4.4):

Figura 4.4

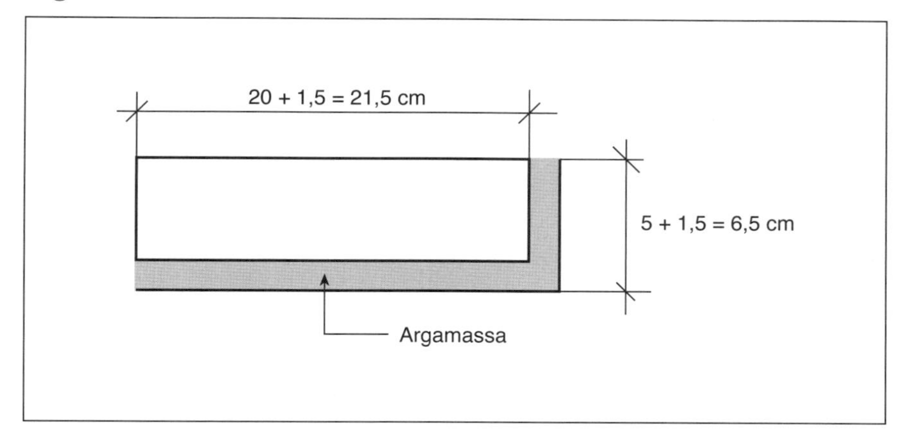

Área ocupada por um tijolo da fiada 2 = 21,5 cm × 6,5 cm = 139,75 cm^2, porém, temos outro tijolo atrás para completar a espessura de um tijolo; portanto, o número de tijolos por m^2 será:

$$N_2 = \frac{10.000 \times 2}{139{,}75} = 143{,}11$$

Como sabemos que as fiadas tipo 1 e 2 são sucessivas, o valor final será a média aritmética:

$$N = \frac{N_1 + N_2}{2} = \frac{133{,}77 + 143{,}11}{2} = 138{,}44$$

Portanto, o valor 150 contém a margem de 12,6 tijolos por m^2, para perdas.

O mesmo cálculo poderia ser feito para os valores 80 e 230, porém acreditamos desnecessário.

Para a obtenção da área das paredes, usamos: comprimento × altura. Porém, o cálculo não deve ser feito de painel por painel, porque todos eles têm a mesma altura (pé direito do andar). Por isso, procuramos o somatório dos comprimentos e o multiplicamos pela altura.

O somatório dos comprimentos deve ser obtido somando-se inicialmente todos aqueles das paredes transversais, e depois todos os das paredes longitudinais; esse cuidado evita esquecimento de alguma parede. Naturalmente, devemos também cuidar de não misturar comprimento de parede de um tijolo com aqueles de meio-tijolo.

[32] Supomos que a viga de baldrame estará aproximadamente na altura do solo atual e queremos que o respaldo do alicerce se eleve cerca de 40 cm; por isso, usamos essa altura para o cálculo.

[33] 75 m é a metragem linear total de vigas baldrame para paredes de um tijolo (ver **[9]**).

[34] 65 m é a metragem linear total de vigas baldrame para paredes de meio-tijolo (ver **[9]**).

[35] Os valores 44,6 m, 30,7 m, 15,4 m, 18,6 m são os comprimentos das paredes respectivamente, de um tijolo e meio-tijolo do corpo principal e da edícula – 3,2 m correspondente ao pé direito livre, 2,8 m acrescido de 40 cm, para garantir as perdas de altura com os pisos e revestimento de forro e ainda os rebaixamentos de laje nos pisos dos banheiros.

[36] Explicação semelhante à anterior.

[37] 9,3 m é o comprimento da mureta e 1 m é a sua altura.

[38] Os oitões têm forma triangular; por isso, a área de cada um será 9,1 m (comprimento) × 1,4 m (altura) 2; lembrar, porém, que são 2 oitões, um de cada lado.

[39] 430,74 m^2 é a soma de 142,72 m^2 + 49,28 m^2 + 150,72 m^2 + 49,28 m^2 + 12,74 m^2.

[40] Já que as paredes, até o momento, foram calculadas como completamente cheias, é necessário que se descontem os buracos representados pelas janelas e portas. O valor 40,08 m foi encontrado pelo somatório de todas as áreas de vãos em paredes de um tijolo. Na planta construtiva, aparecem os dimensionamentos dos vãos; basta efetuar o produto de cada um (largura × altura) e proceder ao somatório.

Interessante notar que, no nosso exemplo, a área total de vãos é menor do que 10% da área total; portanto, não representa grande influência no cálculo dos tijolos uma pequena diferença de um vão apenas, já que são necessários todos reunidos para completar cerca de 10%.

[41] Total líquido de paredes de um tijolo.

[42] Soma de 98,24 m^2 + 59,52 m^2 + 170,58 m^2 + 58,88 m^2 + 9,3 m^2 = 426,82 m^2; total bruto (sem desconto de vãos) de paredes de meio-tijolo.

[43] Somatório nas áreas das portas e janelas ou aberturas, em geral, das paredes de meio-tijolo = 69,42 m^2.

[44] Total líquido de paredes de meio-tijolo.

[45] Número total de tijolos expressos em milheiros, obtido pelo produto de 390,66 × 150 + 357,4 × 80 = 87.200, ou seja, 87,2 milheiros. Quando temos a ideia de aproximar ou arredondar valores usamos o sinal ≅.

[46] O volume da argamassa de assentamento sofre grande variação por dois motivos principais: variação de espessura da argamassa entre dois tijolos e perdas em geral; as perdas se iniciam pela chegada da areia com medidas erradas dos caminhões, perdas no preparo da argamassa e no transporte até os andaimes, perdas na aplicação (parcelas que caem ao solo e às vezes são irrecuperáveis). Por tudo isso, a constante empregada, 0,7 de m^3 de argamassa por milheiro de tijolo, é, antes de tudo, um valor tirado da prática, da experiência e não do cálculo; façamos, em todo caso, uma comparação, supondo que a espessura da argamassa entre dois tijolos seja uniformemente 1,5 cm, para parede de meio-tijolo (Figura 4.5).

Figura 4.5

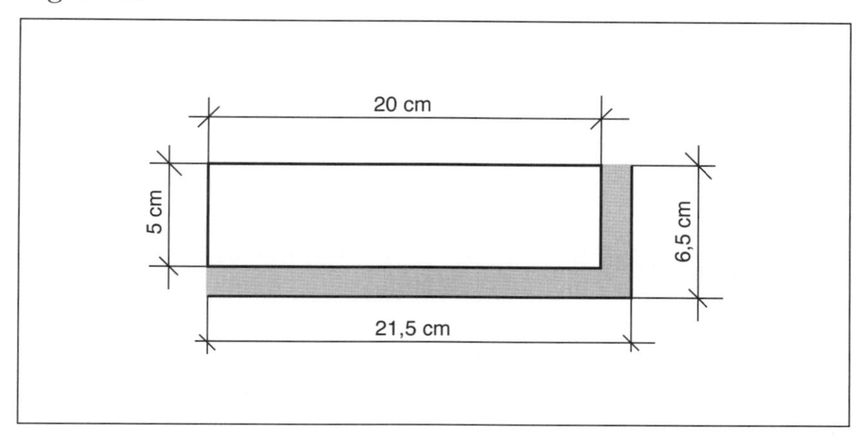

Figura 4.6

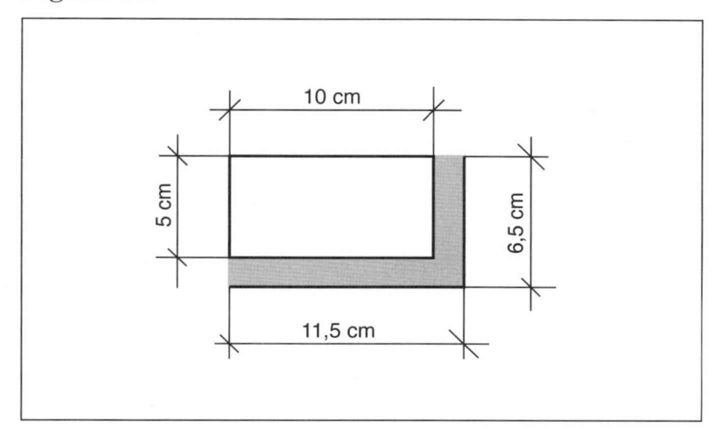

Volume de argamassa por tijolo = (21,5 cm) × 1,5 cm × 10 cm = 397,5 cm^3.
Largura da parede 1.000 tijolos = 397,5 × 1.000 = 397,5 cm^3 = 0,3975 m^3.

Para paredes de um tijolo, o volume teórico terá o seguinte cálculo (Figura 4.6): volume para cada tijolo:

V_1 = (11,5 cm + 5 cm) × 1,5 × 20 cm = 495 cm^3

Não devemos esquecer que na fiada 2 vão dois tijolos para completar a espessura de um tijolo e 21,5 × 6,5 × 0,5 cm é a metade do volume da argamassa entre eles (espessura total = 1 cm); metade para cada tijolo.

V_2 = (21,5 cm + 5 cm) × 1,5 cm × 10 cm + 21,5 cm × 6,5 cm × 0,5 cm = = 467,375 cm^3

Usando-se média aritmética $V \frac{V_1 + V_2}{2} = \frac{495 + 467{,}375}{2} = 481{,}2\ \text{cm}^3$

Para 1.000 tijolos = 0,4812 m^3.

Pelo cálculo verificamos que os dois valores, 0,3975 e 0,4812, estão bem distantes da constante prática de 0,7; porém, devemos lembrar o que foi informado anteriormente: a espessura da argamassa, às vezes, é aumentada e devemos considerar, principalmente, as perdas. Observando um tijolo vemos que ele apresenta um rebaixamento com a marca onde a espessura da argamassa é aumentada para preencher a cavidade. Buracos e arestas quebradas são sempre preenchidos com argamassa. Essas razões para usar 0,7 como constante são prudentes.

[47] Este é outro item em que a indeterminação é grande. A espessura necessária para o emboço é de 1,5 cm, porém diversos fatores fazem aumentá-la: falta de uniformidade do painel, falta de prumo do painel, saliências e reentrâncias nos tijolos.

A experiência mostra que a parede de um tijolo fica com a espessura total de 26 cm ou 27 cm; considerando que o tijolo tem apenas 20 cm, restam 6 cm ou 7 cm para o revestimento; como o revestimento fino (reboco) praticamente não tem espessura, os 6 cm ou 7 cm para os dois lados resultam 3 cm ou 3,5 cm para cada lado.

Já na parede de meio-tijolo a espessura da argamassa é bem menor, isso porque o painel é bem mais uniforme. A parede pronta de meio-tijolo fica com 14 cm, quando o tijolo tem 10 cm; sobram 4 cm para o emboço dos dois lados, ou seja, cerca de 2 cm para cada lado.

Para o cálculo, vamos usar 3 cm para o lado, ou seja, 6 cm para ambos os lados.

Usamos essa constante e as áreas das paredes sem descontar vãos, porque a área é pequena e porque nos vãos existe revestimento nas lumieiras (lumieiras são as faces internas dos vãos, veja Figura 4.7).

$(430{,}74\ m^2 + 426{,}82\ m^2) \times 0{,}06\ m = 52\ m^3$

Figura 4.7

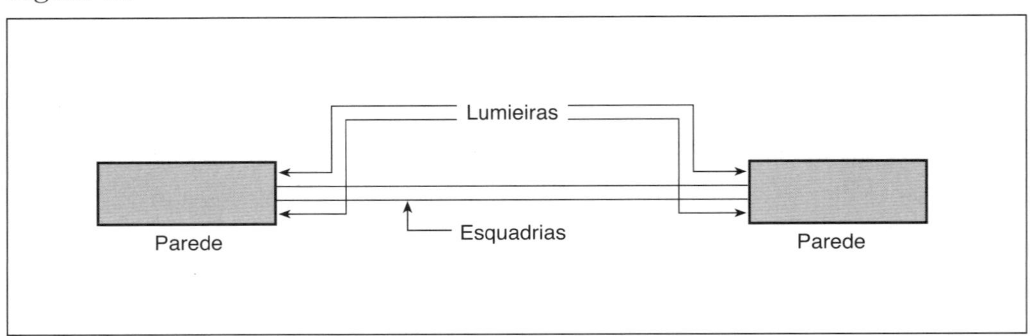

[48] O valor 113 m^3 é a soma dos volumes da argamassa de assentamento e de revestimento grosso. Podemos somá-las, porque as duas são idênticas, inclusive na sua composição.

[49] O consumo de areia na argamassa pode ser considerado como de 1 m^3 por m^3 de argamassa; teoricamente seria um pouco menos, porém as perdas e deficiências de medida de caminhões nos fazem considerar aquela medida, isto é, necessitamos de 1 m^3 de areia para termos idêntica quantidade de argamassa.

[50] O consumo de cal é ainda mais variável, em virtude da diferença de seu rendimento. Quando, no passado, era de cal virgem e não hidratada, havia certas qualidades que rendiam próximo de 100% e outras de baixíssimo rendimento no momento da transformação da cal virgem (óxido) em leite de cal (hidróxido). Atualmente, com o emprego de cal hidratada industrialmente, fica muito facilitada a adição proposital de pós inertes mais baratos (areia fina, caulim etc.). Para uma boa qualidade de cal, pode-se prever o consumo de 8 sacos de 20 kg por metro cúbico de areia. No entanto, o baixo poder aglomerante da cal hidratada obriga o acréscimo de cimento, o que não era necessário quando se usava cal virgem. O consumo de cimento pode ser avaliado em 2 sacos de 50 kg por metro cúbico de areia.

[51] Apesar de muitas especificações citarem o consumo de 6 kg/m^2, quando acrescentamos as perdas, infelizmente tão acentuadas, elevamos o consumo para 10 kg por metro quadrado e sem desconto das áreas dos vãos.

[52] A área a ser revestida com argamassa impermeável pode ser considerada como o comprimento total dos alicerces por uma largura de 1 m. Essa medida cobre bem a largura da parte superior dos alicerces (cerca de 20 cm), mais 10 cm para cada lado e ainda o assentamento das duas primeiras fiadas (20 cm + 20 cm) 20 + 10 + 10 + 20 + 20 = 80 = 100 cm. A espessura de 2 cm nos garante contra perdas (Figura 4.8).

Figura 4.8

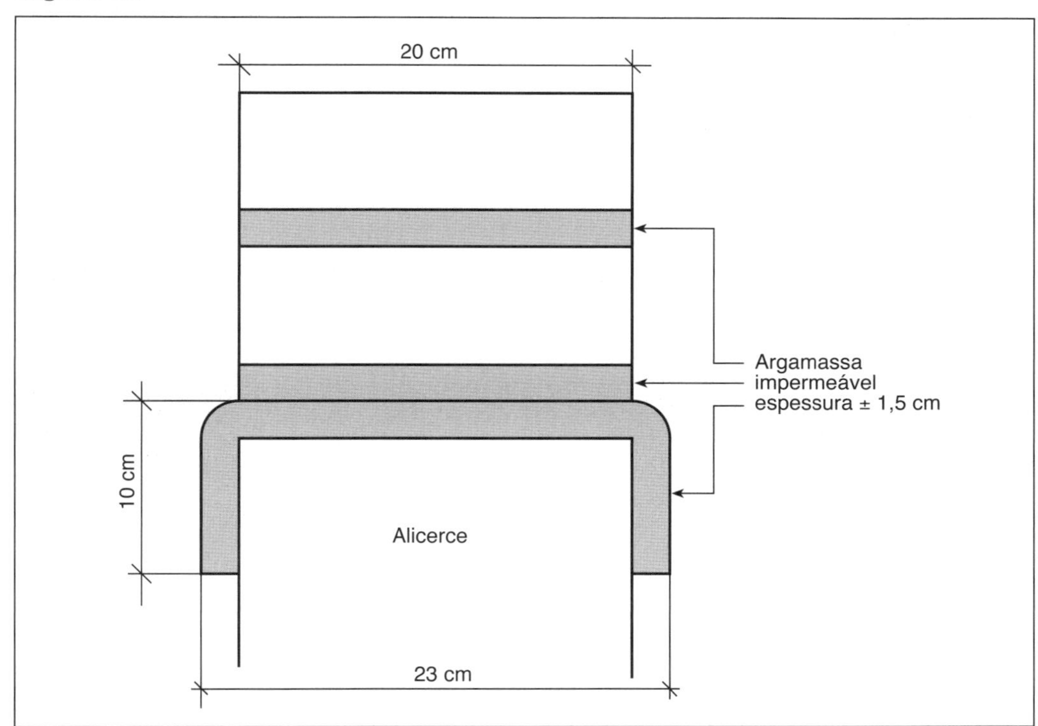

[53] 1 m^3 de areia para 1 m^3 de argamassa (traço 1:3).

[54] Consumo de cimento: 8 sacos por m^3 (traço 1:3). Argamassa, rica de cimento. Sempre sacos de 50 kg.

[55] Estamos prevendo um consumo médio de 5 kg de impermeável gorduroso por saco de cimento. Esse consumo varia com a marca do produto, cuja dosagem aconselhável aparece nos rótulos das latas.

[56] As lajes empregadas são encontradas com armação em um ou dois sentidos (cruzadas); estamos empregando o primeiro. Geralmente, o preço é calculado em função da área e também dos vãos livres. O preço por m^2 empregado é uma avaliação para a planta em questão.

[57] Para um cálculo prévio, podemos usar: 0,8 pontaletes cada m^2 de laje, isto é, um pontalete serve para uma área um pouco superior a 1 m^2 (1,25). Essa é a razão de termos multiplicado a área (162) por 0,8 m, encontrando aproximadamente 130 peças; usamos o comprimento de 3 m, em virtude do pé direito ser aproximadamente este.

[58] Para as tábuas 1" × 12", usamos o fator 0,7, isto é, 7 m lineares de tábuas para cada 10 m^2 de laje. Naturalmente, esse madeiramento (tábuas e pontaletes) é exclusivamente para escoramento das vigotas pré-moldadas. Se para o forro forem previstas vigas moldadas na obra, o madeiramento para elas deverá ser acrescido.

[59] O concreto que irá formar uma camada de 3 cm de proteção sobre os tijolos furados também deve preencher as frestas entre tijolos e vigotas, daí a razão de se multiplicar a área da laje por 5 cm de espessura (também existem perdas).

[60] Pedra miúda (n° 1) para haver penetração de concreto entre tijolos e vigotas. Às vezes, devemos até empregar pedrisco, que é ainda de menor dimensão. Consumo: 1 m^3 de pedra por m^3 de concreto.

[61] Areia grossa e lavada: 0,6 de m^3 por m^3 de concreto.

[62] Sacos de cimento por m^2 de concreto (dosagem 1:2, 5:4).

[63] Para os beirais, foi previsto forro de estuque, porque as lajes de tijolos furados ficam, neste caso, bastante dispendiosas (ferragem negativa, já que os beirais trabalham em balanço). No entanto, persistindo a ideia de embutir as calhas, não poderemos fugir do beiral em laje.

[64] O cálculo da área é feito pelo perímetro externo da construção multiplicado pela largura de 0,8 m. No comprimento está incluído o perímetro também da edícula, descontados os comprimentos que estão na divisa do lote onde não serão feitos beirais.

[65] e **[66]** Consumo de sarrafos 1" × 2" e 1" × 4" de pinho de 3 m por m^2 de forro.

[67] Tela de arame galvanizado: área arredondada para 60, em virtude de perdas.

[68] A mão de obra de carpinteiro é paga por m^2; caso esteja incluída na empreitada geral de pedreiro, deverá ser anulado este item.

[69] Nesse cálculo, estamos incluindo a argamassa para preenchimento da tela, que é mista: cal, cimento e areia e a argamassa grossa.

[70] 1 m^3 de areia por m^3 de argamassa (arredondamos para 3 m^3).

[71] 8 sacos de cal virgem (15 kg) por m^3 de argamassa.

[72] 2 sacos de cimento (50 kg) por m^3 de argamassa.

[73] Também aqui estamos avaliando o consumo de massa fina em 10 kg por metro quadrado.

[74] Área de projeção horizontal é que interessa para o cálculo. A razão está no fato de os caimentos variarem de projeto a projeto, obrigando sempre a recalcular os valores e, também, porque a diferença de superfície do painel inclinado para a sua projeção horizontal é muito pequena para ser levada em consideração; para exemplificar, vamos imaginar uma área de 10 m × 10 m a ser coberta com um telhado que use o caimento de 30% (utilizando telhas tipo paulista).

Área de projeção horizontal = $10 \times 10 = 100$ m^2.

Área real do telhado = $10 \times l = 10l$.

Figura 4.9

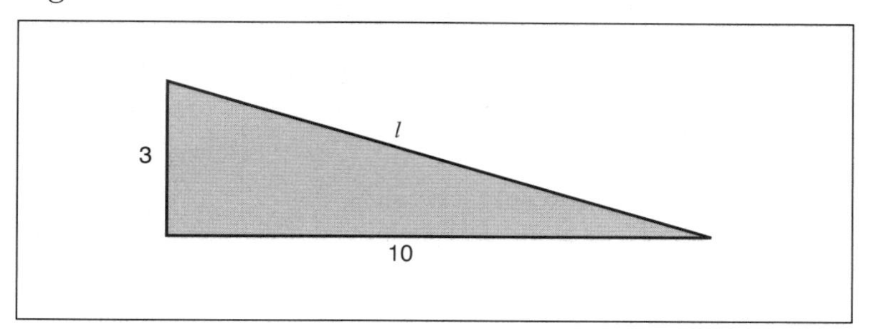

Área real do telhado = $10 \times 10{,}44 = 104{,}4$ m^2.

Um acréscimo, portanto, de apenas 4,4%.

Por essa razão, todos os dados empregados para cálculo de quantidades e orçamentos para telhados sempre se referem à área de projeção horizontal.

[75] O madeiramento para telhado (peroba) só poderá ser calculado com exatidão quando possuirmos a planta detalhada da coberta; porém essa peça gráfica não está feita nesta fase do problema. Devemos recorrer a um valor aproximado, naturalmente sujeito a erro, pequeno e que resolve para o momento. Vejamos como poderíamos chegar a uma constante aproximada:

Madeiramento para a trama: imaginemos um painel de 6 m × 5 m para exemplificar (Figura 4.10).

Figura 4.10

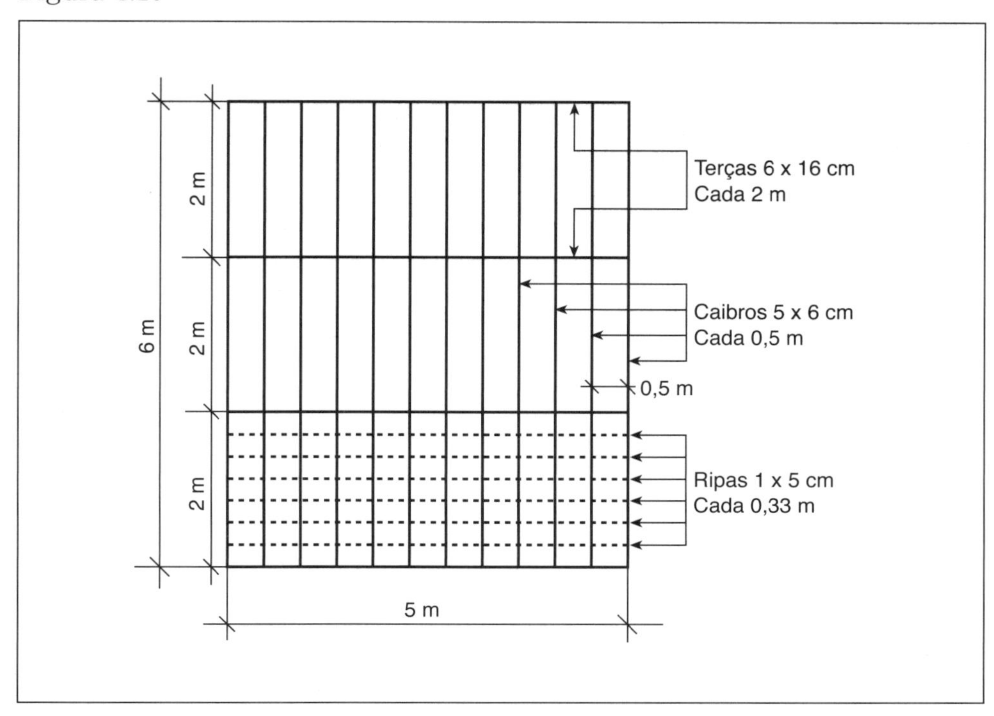

terças 6 cm × 16 cm	4 × 5 m = 20 m lineares
caibro 5 cm × 6 cm	11 × 6 m = 66 m lineares
ripas 1 cm × 5 cm	18 × 5 m = 90 m lineares

cálculo do volume:

terças 0,06 × 0,16 × 20	= 0,192 m^3
caibro 0,05 × 0,06 × 66	= 0,198 m^3
ripas 0,01 × 0,05 × 90	= 0,045 m^3
Total	= 0,435 m^3

$$\text{Volume por metro quadrado} = \frac{0{,}435\ m^3}{5\ m \times 6\ m} = 0{,}0145\ m^3/m^2$$

O restante do madeiramento é aquele empregado na parte estrutural (tesouras, meias-tesouras, cantoneiras, vigas dos espigões etc.). Já aqui o valor é mais variável, dependendo, em maior escala, da forma do telhado e dos vãos livres. Recorrendo à experiência, verificamos que o consumo médio de peroba, para essa parte estrutural, é geralmente pouco inferior ao da trama. Dessa maneira, chegamos ao valor de 0,03, que é aproximadamente:

$2 \times 0{,}0145\ m^3 = 0{,}03\ m^3/m^2$

Para coberturas bastante simples, essa constante poderá se reduzir, chegando ao mínimo de 0,02. No caso de coberturas com vãos livres muito grandes (maiores do que 12 m), seria aconselhável um cálculo rápido da tesoura padrão para aproximar melhor o consumo de madeiramento para a parte estrutural, já que a trama permaneceria a mesma.

Na hipótese de se empregar cobertura com chapas onduladas, é a trama que terá seu madeiramento muito simplificado, pois desaparecem caibros e ripas, restando as terças que podem, em princípio, ser imaginadas com espaçamento de 1,5 m. Nesse caso, a constante de madeiramento para trama cairá para 0,01; seria necessário acrescentar a parte referente à estrutura, que dependerá de um projeto (mesmo que seja rápido), porque as chapas onduladas geralmente são empregadas apenas para grandes vãos, onde, além de tesouras, deverão existir contraventamentos etc.

No nosso exemplo, empregamos o fator 0,03.

[76] O carpinteiro também é remunerado por m^2 de projeção horizontal. Caso esteja incluído na empreitada geral de pedreiro, este item deve desaparecer.

[77] Consumo de telhas:

Tipo paulista ou canal = 30 a $32/m^2$.

Tipo francesa ou marselha = 15 a $16/m^2$; acrescentam-se mais 3 cumeeiras por metro linear de espigão ou cumeada.

Para telhas de chapa ondulada, não se calculam peças, mas, sim, área de chapa a ser comprada. Essa área será a área de projeção horizontal do telhado, acrescida de 30% para perdas: de inclinação em superposição, em corte de chapas para remates.

[78] Fator empírico empregado: 0,1 kg por m^2 de telhado.

[79] Trata-se de uma camada de concreto pobre (magro) sobre o solo, apenas no pavimento térreo, já que, no pavimento superior, a laje serve como preparação.

[80] Área do pavimento térreo: edícula mais corpo principal; não está incluído o quintal.

[81] Traço pobre 1:3:5; a espessura a ser usada para a camada é de 5 cm; no cálculo emprega-se 6 cm para cobrir perdas.

[82] Consumo de pedra: 1 m^3 por m^3 de concreto.
Consumo de areia: 0,6 m^3 por m^3 de concreto.
Consumo de cimento: 5 sacos de 50 kg por m^3 de concreto.

[83] Conforme o memorial, a parte social terá um taco especial de luxo (tipo 1).

[84] Este outro conjunto de peças receberá um taco de ótima qualidade, porém inferior ao da parte social (tipo 2).

[85] Usam-se tacos comuns, pois essas peças não justificam qualidades especiais (tipo 3).

[86] A argamassa de assentamento será de cimento e areia com traço 1:3; a espessura varia em torno de 3 a 4 cm; no cálculo, usa-se 5 cm para cobrir perdas.

[87] Consumo de areia: 1 m^3 por m^3 de argamassa.

[88] Consumo de cimento: 8 sacos (50 kg) por m^3 de argamassa.

[89] Já que estamos calculando o piso, é hábito incluirmos o rodapé, que deverá combinar. Assim, evitamos esquecimentos e a necessidade de introdução de um novo item. Inclui-se rodapé, cordão, mão de obra de colocação e pregos.

[90] Da área total (8,32 m^2) foi descontada a área sob a banheira onde não vai granilito.

[91] Nos preços de granilito destacamos: piso, rodapés, tiras de latão e soleiras. Para todos estão incluídos materiais, mão de obra e polimento.

[92] Avaliação aproximada da metragem, incluindo todo o contorno do rodapé e ainda a colocação de tiras na parte central subdividindo os painéis para dilatação.

[93] A metragem linear de uma soleira é a própria largura da porta. No nosso caso, estão previstas soleiras de granilito na porta de saída da cozinha (0,7 m), na porta do *hall* da cozinha (0,8 m), na porta do *hall* do lavabo (0,7 m), na porta de entrada do *hall* inferior (0,8 m), na porta de entrada principal (1,8 m), na porta do *hall* do banheiro (0,7 m) e na porta do *hall* do meio-banho (0,7 m). Total = 7 m.

[94] O granilito é aplicado sobre um piso de cimento desempenado, cujo traço é 1:3 (cimento e areia) e com cerca de 2 cm de espessura; consumo de areia: 1 m^3 de argamassa; consumo de cimento: 8 sacos por m^3 de argamassa.

[95] Cálculo do custo da escada incluindo os patamares e espelhos dos degraus e os rodapés, baseando-nos unicamente na metragem linear dos degraus, que é calculada como o número de degraus multiplicado pela largura de escada, ou seja:

17 degraus × 1 m (largura da escada) = 17 m
No preço, estão incluídos material e mão de obra total.

[96] Cálculo subdividido nos diversos tipos:

(7,5 cm × 15 cm) 42 m^2 com respectivo rodapé do mesmo material.

[97] Na escada da edícula, o emprego do caco de cerâmica é para espelho e degrau, porém este último é terminado com o rodapé boleado para evitar canto vivo (Figura 4.11).

Figura 4.11

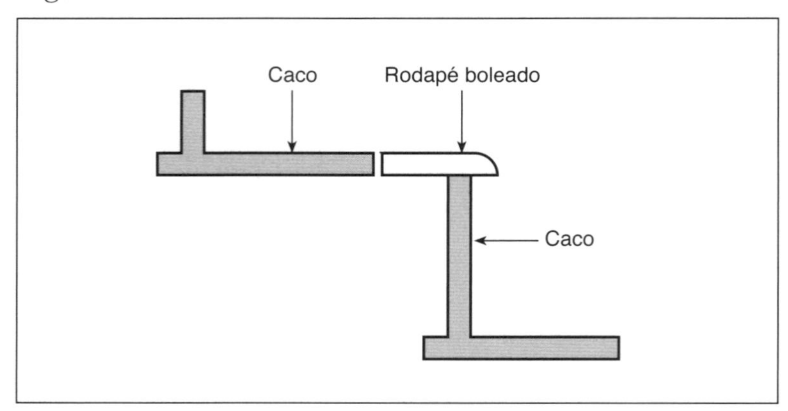

[98] Trata-se de ladrilho de uma boa cerâmica, encaminhado à fabrica especializada para esmaltação com desenho escolhido. Não estranhar preço tão elevado, pois trata-se de material de luxo.

[99] No cálculo de argamassa, somamos as áreas dos diferentes tipos e multiplicamos por uma espessura de 5 cm, já incluindo perdas. Argamassa de cimento e areia (1:3); consumo: areia 1 m^3 por m^3 de argamassa e cimento, 8 sacos por m^3 de argamassa.

[100] Neste total de 138 m^2 estão incluídos os pisos de pedra na entrada de carro (75 m^2), que serão aplicados sobre concreto magro, e 63 m^3 restantes, que serão aplicados diretamente sobre terreno apiloado, sempre com a mesma argamassa mista de assentamento (cal, cimento e areia), com consumo de 1 m^3 de areia, 8 sacos de cal hidratada (20 kg) e 2 sacos de cimento (50 kg) por m^3 de concreto.

[101] Na passagem para carro, desde o portão até a garagem, há necessidade de reforço com camadas de concreto pobre, cerca de 8 cm de espessura. Traço 1:3:5; consumo 1 m^3 de pedra, 0,6 m^3 de areia e 5 sacos de cimento por m^3 de concreto.

[102] Na aplicação de azulejos até o forro, desaparece a necessidade da faixa para acabamento. Não estão sendo aplicadas as calhas internas.

No cálculo da área, estão sendo descontados os vãos de portas e janelas, porém não esquecendo que, nas lumieiras internas, aplicam-se azulejos; por isso, o desconto do vão não deve ser total; por exemplo, uma janela de 2 m × 1 m deve ser descontada como vão de 1,7 m × 0,7 m, isto é, diminuindo-se 30 cm em cada medida, ou seja, 15 cm de cada lado (Figura 4.12).

[103] As calhas externas são aplicadas nos cantos vivos externos, como indica a figura. O consumo de peças é de 7 por metro linear já que cada peça tem 15 cm.

Figura 4.12

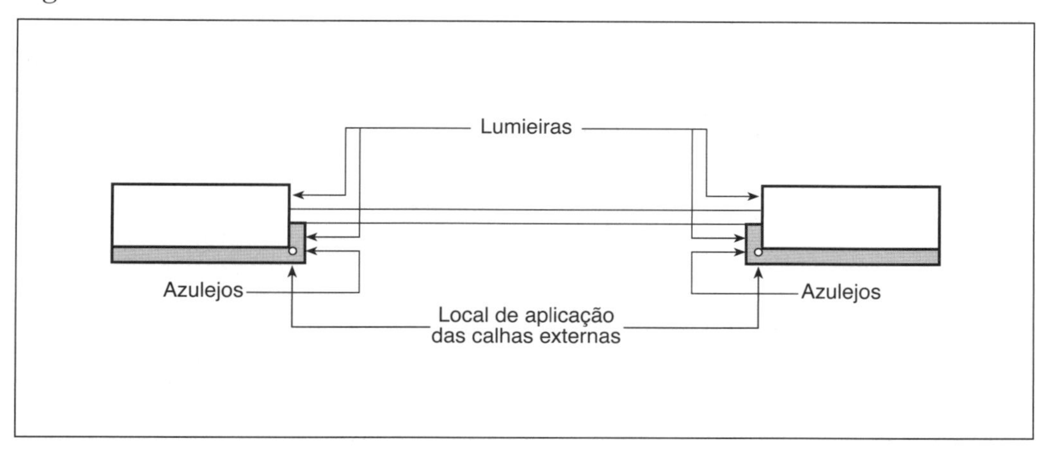

[104] Aqui já aparece a necessidade de faixas, que são calculadas pelo perímetro de cada peça, descontando-se os vãos. O desconto para os vãos será a sua largura menos 30 cm; assim, para uma janela de 2 m × 1 m, deve-se descontar – 0,3 = 1,7 m.

[105] Preterimos calcular separadamente cada peça: quarto de banho, meio-banho e lavabo, para a hipótese de se aplicarem azulejos de procedência e preços diferentes.

[106] Argamassa de assentamento idêntica para todos os azulejos: mista de cal (8 sacos de 20 kg por m^3) e areia (1 m^3 por m^3 de argamassa).

[107] Se o rejuntamento for feito só com cimento branco, o consumo será de 0,15 kg/m^2. Preferível usar mistura de cimento branco e alvaiade, em partes iguais, em peso com consumo de 0,1 de kg de cada material por m^2.

[108] A área de 28 m^2 prevê a aplicação de pedra de Minas apenas na parte térrea da fachada principal.

[109] A metragem linear de 57,2 representa o perímetro do corpo principal, exceto a frente, e o perímetro da edícula, exceto a face que encosta na divisa do lote. A altura de 0,6 m representa uma média, já que das inclinações do terreno resultarão alturas diferentes. Nas regiões do fundo do lote, a altura da pedra será menor e na frente maior.

[110] Argamassa mista com o consumo de 1 m^3 de areia, 8 sacos de cal (20 kg) e 2 sacos de cimento por m^3 de argamassa. A espessura da massa será de cerca de 4 cm; no cálculo, aplica-se 6 cm em virtude da grande quantidade de massa que ficará entre as pedras, já que estas são muito irregulares.

[111] Para melhorar o acabamento na junção das paredes com o forro, pensamos na aplicação de cimalha de gesso em todas as peças do corpo principal, exceto no interior dos armários. Portanto, o valor 212 m lineares representa o somatório de todos os perímetros dos cômodos. Essa cimalha representa uma necessidade para bom acabamento, principalmente nas peças em que os azulejos encostam no forro, tal como a copa e cozinha, no nosso exemplo. As cimalhas são compradas, incluindo a colocação, portanto, o preço indicado é para o serviço completo.

[112] É um item que representa um total de despesas muito elevadas nas habitações de médio luxo, em virtude da grande variação de preço entre um artigo considerado popular com o de fino acabamento. Nas casas populares, ainda representa grande despesa, se bem que em proporção bem menor. Por outro lado, em virtude da variedade enorme de artigos, não só na louça sanitária, mas principalmente nos metais, peças de acabamento e ligação, somos obrigados a uma exposição detalhada no orçamento. Essa é a razão de o item ocupar mais de um folha no orçamento. Ainda assim trata-se de um resumo apenas para deixarmos claro as peças a serem empregadas, seu tipo (louça branca ou colorida), bem como o caráter de luxo dos metais (cromados e facetados).

Esclarecemos que pelo nome genérico de metais são chamados todos os acessórios da louça, tais como, no caso dos lavatórios: torneiras ou o aparelho misturador, válvula, tampa e corrente para a válvula, sifão etc.

[113] A dimensão das banheiras ainda é expressa em pés (30,48 cm), portanto empregaremos uma de 1,5 m, dimensão razoável. O aparelho misturador não é mais que um acessório munido de 2 registros (água quente e fria) e um tubo de saída por onde sairá a água temperada nos graus que se desejar, já que os dois registros permitem controle de mais água quente do que fria ou vice-versa.

[114] A coluna representa uma necessidade em acabamentos de luxo, principalmente porque esconde o sifão (peça sempre antiestética). Ultimamente usa-se o embutimento do lavatório em armário, construindo-se um abrigo na parte inferior.

[115] O aparelho de bidê permite não só o equilíbrio da temperatura como também controla a entrada da água pela ducha no seu fundo.

[116] As peças a seguir são projetadas para os seguintes aparelhos: porta-papel, ao lado da bacia; porta-toalhas, um ao lado do lavatório, outro ao lado da banheira; saboneteiras, uma sobre a banheira, outra no interior do box; cabides, um na parte externa do box, outro do lado da banheira. A ausência dessas peças obrigará, ao futuro morador, procurar soluções de emergência nem sempre boas.

[117] Não funciona o sistema de citação dos preços peça por peça, já que o número de acessórios é tão grande que a variação dos valores é constante. Melhor será a consulta aos revendedores desses artigos de uma forma global, isto é, fazendo a descrição resumida, tal como aparece no orçamento e solicitando o preço do conjunto. Assim, obteremos o custo do momento para cada conjunto: quarto de banho, meio-banho, lavabo etc.

[118] Esta peça é orçada por m^2; está projetado o emprego de mármore nacional de boa qualidade (Paraná), com 4 cm de espessura e usando o sistema de canaletas para condução da água para as pias.

[119] Pias de ferro esmaltado: o número de pia (nº 1) representa um tamanho médio. Serão aplicadas duas pias.

[120] Melhor colocar duas caixas de 1.000 litros comunicantes do que uma de 2.000 litros (menor peso concentrado e maior facilidade de escolha do local a ser aplicada, já que no forro sempre há falta de altura). A reserva total de 3.000 litros é necessária, em virtude de possíveis faltas d'água na rede e também porque a área construída é grande (320 m^2).

[121] Para mais exatidão, nos casos reais, convém citar a marca de fábrica; preço só do aparelho, pois a instalação, mão de obra e peças de ligação, tubos e conexões estão no item seguinte.

[122] Dois caminhos existem para o cálculo do custo neste item; um deles, o mais exato e também o mais demorado, impraticável neste orçamento prévio, é o cálculo que toma por base o projeto completo das instalações, relacionando-se todo o material e mão de obra, detalhe por detalhe; porém, o projeto completo, neste momento das negociações, ainda não existe, pois trata-se de trabalho dispendioso e que só se fará quando a obra for contratada. O segundo caminho, menos exato, porém rápido e possível, será a avaliação em função do projeto de arquitetura, isto é, número e posição dos cômodos sanitários, número e categoria dos aparelhos sanitários, acabamento melhor ou não dos serviços, existência de água fria e quente, ou apenas fria; para esse caminho, torna-se necessário uma certa dose de experiência, que tornará a avaliação mais próxima da realidade. Por outro lado, neste exemplo, como na maior parte dos trabalhos semelhantes, pretende-se contratar os trabalhos de profissional especializado (encanador) por subempreitada; portanto, podemos solicitar com alguma antecipação as propostas, mesmo que informais, de um ou mais interessados, usando-as como base para o nosso orçamento. Geralmente, um escritório de construções, mesmo pequeno, mantém conhecimento com dois ou três empreiteiros de cada especialidade; quando estivermos elaborando o orçamento, poderemos chamar um ou dois empreiteiros e recomendar-lhes que orcem aproximadamente os serviços de sua competência, sem compromisso, porém como meio caminho andado para que sejam contratados, caso a obra seja executada por nosso escritório. Essa é uma solução (prática) adequada para engenheiros de pouca prática em orçamentos, para não fugir muito do valor mais certo. Com a sequência de novas obras, o profissional adquirirá experiência para avaliar melhor os serviços futuros; para isso, convém analisar obras já executadas, comparando plantas e memoriais descritivos com os custos reais. Em favor ainda dessa solução, simples, temos mais o seguinte argumento: desde que, realmente, desejamos entregar os trabalhos em regime de empreitada, de nada adiantará acharmos que o trabalho deverá custar 12 se as propostas forem 14, 15 ou 16, já que não podemos impor o preço de 12 aos respectivos empreiteiros.

No orçamento (título "critério"), está explicado que caberá ao empreiteiro o fornecimento de todo o material bruto, conforme o memorial descritivo. Tal critério é interessante para pequenas obras, pela dificuldade que representa a compra e o controle de emprego das conexões (são peças pequenas e caras e, por isso, facilmente desviadas). Ficando por conta do empreiteiro, escapamos desse risco.

[123] O capítulo de esquadrias de madeira poderia ser separado em dois, desde que não incluíssemos as ferragens com as respectivas portas ou janelas; apareceria assim um capítulo especial para ferragens (chamamos pelo nome geral de ferragens todos os componentes acessórios de uma esquadria, tais como: fechaduras, maçanetas, dobradiças, cremonas, fechos etc.). Acho preferível juntar os dois setores, pois, ao fazermos a descrição de cada esquadria, podemos pensar mais particularmente nas ferragens que a acompanham.

Em geral, foi adotado o cedro como madeira para as folhas de portas e janelas; trata-se de madeira ideal quando se pretende esmaltar ou pintar a óleo; cera ou verniz não cobrem totalmente a madeira, valendo a pena, neste caso, o emprego de marfim, cabreúva, jacarandá, perobinha-do-campo, cerejeira e outras especiais; porém, já que o esmalte irá cobrir o fundo, o cedro é ideal, pois além de econômico é de grande durabilidade. Pela mesma razão, deve-se empregar batentes de peroba, mais fortes e mais econômicos.

[124] A esquadria envidraçada torna-a mais estética e o ambiente interno mais claro; como complemento deve-se empregar grade de proteção de ferro, para maior garantia, na parte envidraçada.

[125] Com fechadura tipo cilindro, queremos nos referir à chave de segredo; os fechos de segurança são colocados pelo lado interno, aumentando a dificuldade de abertura da porta pelo lado externo, mesmo com chave falsa. Os preços das ferragens, de preferência, devem ser somados, anotando-se apenas o total para cada esquadria, pois, de outra forma, o orçamento se alongaria demais.

[126] É comum aplicarmos em portas de sanitários fechaduras que, acionadas, marcam livre ou ocupado (naturalmente, pelo lado externo).

[127] As esquadrias das parte social, salas e *hall*, serão equipadas com maçanetas e espelhos especiais, possivelmente de cristal, a escolher na ocasião da compra; em todo caso, devemos destacar uma verba maior.

[128] Como porta de garagem a solução clássica é o emprego de aço ondulado de enrolar, porém, em construções mais finas, não satisfazem, porque são antiestéticas e principalmente barulhentas. Outra solução é o emprego de porta de madeira inteiriça com movimento de suspensão (Figura 4.13). Tem a desvantagem de empregar ferragens complicadas, porém é uma solução esteticamente boa.

No nosso exemplo, recorremos a uma terceira solução: emprego de portas comuns em 4 folhas, sendo que as duas folhas centrais abrem para fora e depois as duas juntas de cada lado (central e lateral) abrem para dentro (Figura 4.14).

Figura 4.13

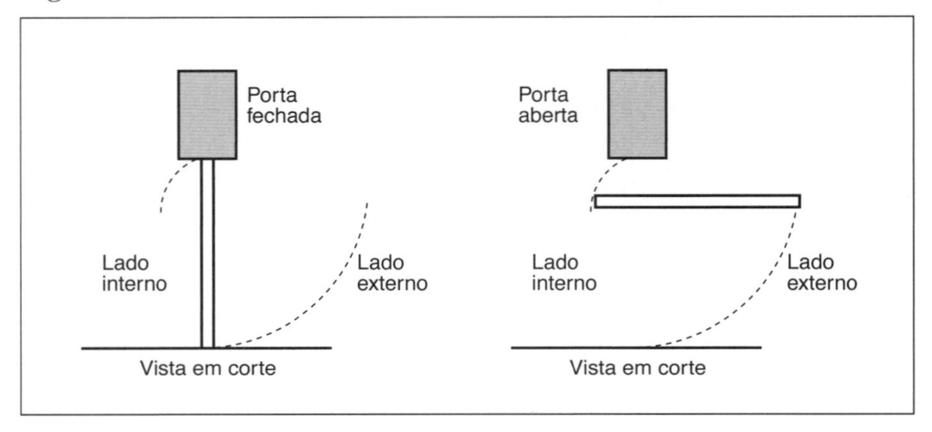

Figura 4.14

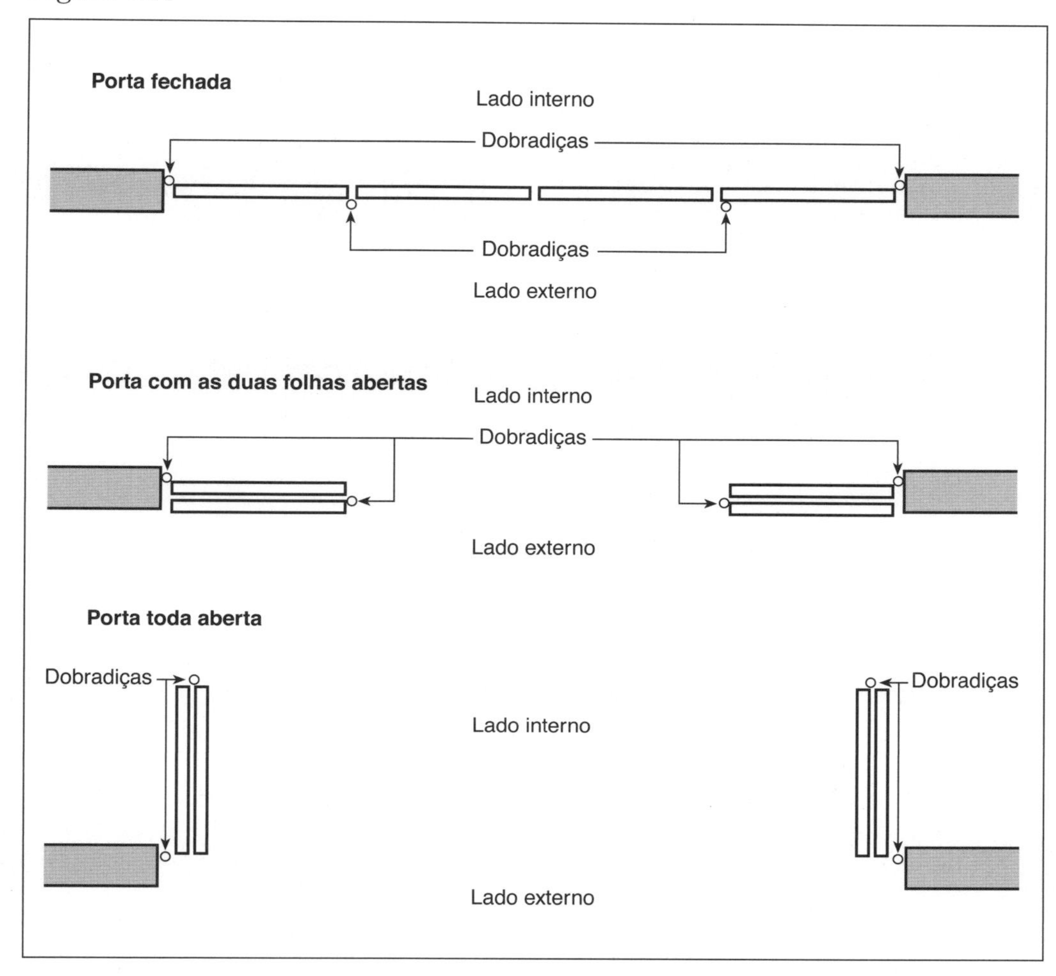

[129] O pagamento da colocação de esquadrias é geralmente por vão, porém adota-se o critério de considerar as peças especiais por um número maior de vãos, conforme está exposto no memorial descritivo. Com aquele critério o número total de vãos verticais para o pagamento resultou em 48.

[130] É preferível a separação de vão por vão, calculando-se a respectiva área e especificando um preço por m^2, em função do tipo de cada esquadria. O preço corresponde ao caixilho sem pintura e sem vidros, que serão orçados a seguir. Todos os caixilhos do andar térreo são acompanhados de grades de proteção, portanto o preço por m^2 é para vitrôs e grade.

[131] Para gradil é preferível o preço por metro linear.

[132] Quando se pretende empregar qualquer peça de fabricação especial, exclusiva de determinada fábrica, aconselhamos consulta direta, como neste caso.

[133] O preço inclui o fornecimento de massa e colocação. Na ocasião de execução, podemos usar dois métodos de contratos:

a. Compra do vidro colocado: neste caso, o fornecedor se encarrega inclusive da massa e da colocação; mais inconveniente: os colocadores trabalham por empreitada, geralmente com uma pressa exagerada, executando péssimo serviço; quando notamos as falhas, boa parte do trabalho já foi feito e surgem fatalmente os incidentes com a empresa fornecedora.

b. Compra do vidro apenas cortado nas medidas exatas; o engenheiro contratará o colocador e fornecerá a massa necessária, se possível misturando na própria obra para garantia de componentes de boa qualidade (gesso, óleo de linhaça, aguarrás e secante); desaparece o inconveniente do método anterior, porém surge outro, os vidros quebrados durante o serviço, o que é prejuízo para o contratante.

A metragem quadrada calculada é a total do vão, não havendo desconto das travessas ou montantes de ferro e madeira.

Já na execução a área cobrada será a real, isto é, a soma das áreas de cada vidro. Quando o vidro é de forma irregular, é cobrado o retângulo que contém; se o vidro é o paralelogramo da figura, a área cobrada será a × b (Figura 4.15).

Figura 4.15

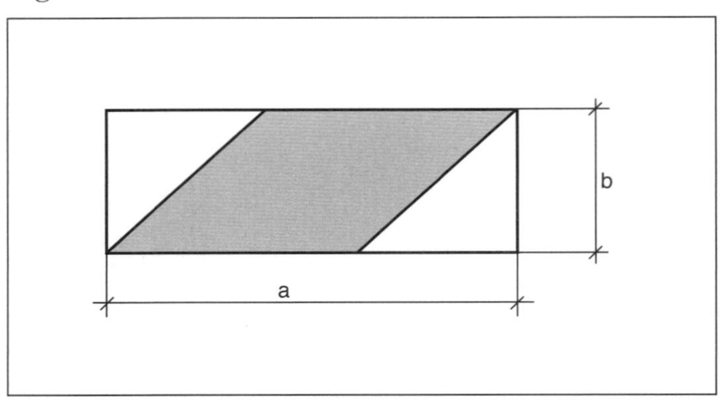

[134] Todas as observações feitas no número **[122]** se encaixam exatamente neste. Para os trabalhos de eletricidade, também o cálculo exato só será possível após o projeto elétrico, que só teremos quando a obra tiver sido contratada; recorre-se à avaliação aproximada, cabendo à experiência o principal papel; enquanto não a tivermos, será interessante apelar para dois outros empreiteiros para uma proposta prévia sem compromisso. Os totais das propostas serão tomados como valor para a verba deste item. Aqui, também, aconselhamos o contrato da mão de obra com todo o material bruto, excetuando-se os aparelhos citados no orçamento.

[135] Os preços básicos de cada tipo de pintura se referem a m^2.

[136] A área deve ser calculada sem qualquer desconto de vãos.

[137] Também sem desconto de vãos, as descrições destes acabamentos estão no memorial descritivo.

[138] Também sem desconto de vãos.

[139] A área calculada é aquela correspondente ao vão total, apesar de não se pintarem os vidros. Por outro lado, conta-se a área de um só lado da esquadria e multiplica-se por dois para a pintura dos dois lados (interno e externo). Ainda outra observação: nos caixilhos que são acompanhados de grades de proteção, a área foi somada duas vezes, uma para o caixilho, outra para a grade.

[140] Para portas, o critério adotado é o seguinte: calcula-se a área dos dois lados, porém apenas da folha, não incluindo área de batentes e guarnições e multiplica-se por 3. Assim, para uma porta de 0,8 m × 21,1 m, a área calculada será 3 × 0,8 m × 2,1 m = 5,04 m^2.

[141] Mesmo critério do item anterior. Para os primeiros orçamentos, contando-se pouca experiência, também podemos recorrer ao sistema de consulta direta aos empreiteiros-pintores interessados na execução; solicitamos a eles preços aproximados para futura discussão e estes preços servirão de orientação para o total deste item. Os preços apresentados por m^2 já incluem mão de obra, material, ferramentas e leis sociais.

[142] Os preços unitários são também para m^2 e, por essa razão, foram calculadas as áreas respectivas. Os preços incluem mão de obra, ferramentas e produtos de limpeza: estopa, cera, ácido muriático (clorídrico), solventes etc.

[143] Neste item, concentramos quase a totalidade das mãos de obra, ou, pelo menos, a maior porcentagem; realmente, fazendo exceção para trabalhos de encanador, eletricista, pintor e limpador, praticamente todos os outros estarão incluídos naquilo que chamamos "mão de obra de pedreiro".

No exemplo, pretendemos entregar todos esses serviços a um empreiteiro, devidamente registrado como empresa, para pagamento dos impostos: Imposto Sobre Serviços na Prefeitura, porcentagens regulamentares ao INSS e cumprimento de todas as leis sociais.

Portanto, também neste item, após fazermos o cálculo aproximado que aparece no orçamento, podemos chamar empreiteiros interessados e solicitar preços aproximados, que ainda dependerão de discussões futuras, para comparar com nosso total. Esse caminho muito ajudará àqueles que não possuam bastante experiência para confiar em sua própria avaliação. Outro caminho também razoável, porém muito mais longo, será o aproveitamento de todas as metragens utilizadas no decorrer do orçamento para serem multiplicadas por preços unitários para cada tipo de serviço, somando no final para um preço global. Por exemplo:

total de tijolos: 87.200 × preço unitário de assentamento de tijolos;

total da área a ser revestida com massa grossa × preço unitário de revestimento grosso (só mão de obra) etc.

Não pretendemos, aqui, fornecer esses preços unitários, porque a sua variação é constante. Vamos apenas citar os itens (só mão de obra) que, sendo mais comuns, são facilmente pesquisáveis:

Abertura de valas	por m^2
Perfuração e concretagem de brocas	por metro linear, em função também do diâmetro mais comum, com 20 cm
Concretagem em geral	(incluindo ferreiro e carpinteiros) por m^3
Assentamento de tijolos	por milheiro
Argamassa grossa	por m^2, sem desconto de vãos
Argamassa fina	por m^2, sem desconto de vãos
Impermeabilização de alicerces	por metro linear ou m^2

Forros de estuque	por m^2, incluindo carpinteiro, enchimento da tela e revestimento grosso e fino
Carpinteiro de telhado	por m^2 (horizontal)
Cobertura (colocação de telhas)	por m^2 (horizontal), ainda em função do tipo de telhas
Preparação de pisos	por m^3 de concreto ou por m^2 de piso
Assentamento de tacos	por m^2, ainda em função da complexidade dos desenhos
Colocação de rodapés	por metro linear
Colocação de cordões	por metro linear
Granilito	por m^2 de piso
Escada	por metro linear de degraus
Colunas de granilito	por metro linear
Peitoris de granilito	por metro linear
Assentamento de ladrilhos em geral	por m^2, incluindo os respectivos rodapés
Pedras de piso	por m^2, que geralmente incluem material e mão de obra
Assentamento de azulejos	por m^2, em função do desenho (amarração "junta a prumo" ou diagonal), incluindo peças acessórias (faixa, calhas e cantos)
Revestimento de pedra	por m^2, que geralmente incluem material e mão de obra
Colocação de caixilhos de ferro	por peças em função da dimensão
Colocação do batente	por peça
Cimentados	por m^2, em função da base e do acabamento

Os valores desses trabalhos, com a respectiva porcentagem de leis sociais, são, às vezes, impressos em publicação especializada e que pode ser consultada com relativa segurança.

Novamente temos a acrescentar que essas explicações acima são fundamentais para o conhecimento do método de elaboração, e para poder, em devidas condições, executar algum cálculo rápido de quantificação, e aferição de quantidades, mas existem programas de computador, com composições de quantidade que fazem esses cálculos baseados nas composições apresentadas acima, nas quais apresentamos, por exemplo, a metragem quadrada de parede e esta composição apresenta a quantidade de tijolos, cimento, cal, areia, bem como o tempo que será utilizado pelo pedreiro e ajundante, para a execução deste serviço e também os insumos para a execução do revestimento, pintura etc.

[144] A porcentagem de administração dependerá de entendimentos com o cliente e, geralmente, incide sobre o total de despesas; esta é a razão por que foi puxado um subtotal; este representa o total das despesas previstas, enquanto que o total geral representa o subtotal acrescido dos honorários da empresa construtora.

Aproveitamos a oportunidade, no final deste capítulo, para fazer uma comparação entre dois custos: o da obra até a cobertura (telhado) e o custo final.

Neste orçamento temos:

Custo até a cobertura: R$ 195.238,09
Custo da obra pronta: R$ 542.478,72

$$\frac{195.238,09}{542.478,72} = 35,99\%$$

Essa constatação é importante porque erradamente o leigo pensa que, com o telhado pronto, a obra já está quase no fim. Grande engano porque o acabamento é muito mais custoso, tanto em valor com em tempo. Com os acabamentos atualmente em uso, relativamente sofisticados, a obra até a cobertura representa em média apenas 30% do total, tanto em valor como em tempo.

Uma obra que consumir 4 meses até a cobertura terá como tempo total cerca de 12 meses. Se custou 50 até a cobertura, custará cerca de 160 até o final.

5 Plano de sobrado popular

Pelo fato de se tratar de problema, muito frequente, principalmente em cidades grandes, resolvemos abordar este tema: construção e venda de grupos de sobrados populares; falamos em sobrados porque, em virtude do preço elevado dos terrenos, é inútil pensarmos em casas térreas, a não ser em zonas muito afastadas.

Na zona urbana de São Paulo, o valor do lote necessário para um sobrado popular (cerca de 100 m^2) corresponde a 60% do valor da construção (com cerca de 80 m^2). Para julho de 2008, os valores seriam mais ou menos os seguintes:

100 m^2 de terreno a	R$ 380,00 = R$ 38.000,00
80 m^2 de construção a	R$ 800,00 = R$ 64.000,00

Temos assim que o valor do terreno corresponde a cerca de 60% do valor da construção. Esse valor já é excessivo, porém seria muito mais para uma casa térrea. Uma casa térrea exigiria terreno de cerca de 160 m^2 a R$ 380,00 = R$ 60.800,00, portanto, cerca de 100% do valor da construção.

O sobrado aqui discutido não chega a ser totalmente popular, pois seu preço de venda (cerca de R$ 134.500,00), é um pouco alto, porém estará bem encaixado em zona residencial de classe média. As condições de pagamento são relativamente acessíveis e tornam o empreendimento realizável.

O estudo que se segue contêm:

1 planta de um par de casas geminadas;
2 fachada;
3 memorial descritivo;
4 orçamento;
5 plano de vendas.

1 Quanto à planta, verificamos ser de uma residência pequena, porém razoável em se tratando de casa popular. Devemos interpretar que esta casa se destina a família pequena, em começo de vida, sendo sua primeira etapa na tentativa de melhores padrões de vida. Já que nas cidades maiores a procura de casas é sempre grande, o proprietário não deverá ter dificuldade de vender essa pequena casa, após alguns anos, passando para outra maior.

A sala, com cerca de 16 m^2, tem uma dimensão razoável; os cômodos que nos parecem mais sacrificados são o dormitório do fundo e o quartinho da edícula. Quanto à cozinha e banheiro estão compatíveis com o tipo de residência. O recuo de 5 m na frente permite o estacionamento de carros nacionais pequenos.

2 Fachada: sem novidades e de acabamento modesto, nada de pedras ou pastilhas, apenas massa grossa e fina e caiação.

3 Memorial descritivo: devermos notar a preocupação da economia em todos os acabamentos. Um detalhe que pode parecer estranho: o fato de só permitir modificações desejadas pelo comprador desde que este providencie as compras com antecedência e combine com o empreiteiro o reajuste de mãos de obra; e o que parece injusto: não serão creditadas, em seu favor, as peças que não forem aplicadas por causa de substituição. A explicação está no fato de se querer desestimular o mais possível, tais modificações, que quebram o ritmo do trabalho e levam o tipo de obra para o de "residência própria", tão cheias de caprichos dos proprietários. Poderíamos comparar com o comércio de automóveis: se o comprador de um Volkswagen fosse à fábrica e interferisse na escolha de detalhes quebraria a condição de fabricação em série, trazendo sérios problemas.

4 Orçamento: o processo empregado foi o mesmo do exemplo do Capítulo 4, isto é, cálculo detalhado de quantidade de material e apuração em separado do custo da mão de obra, mediante propostas de empreiteiros; aliás, nesse tipo de construção, extremamente simples, o empreiteiro poderá ser único para todos os serviços (R$ 285,00 por m^2 para julho de 2008).

O preço total apurado, R$ 31.372,51, resulta no seguinte preço total por m^2.

$$\frac{\text{R\$ } 31.372{,}51}{80{,}32 \text{ m}^2} = \text{R\$ } 390{,}59/\text{m}^2$$

Vemos assim que a mão de obra geral corresponde a cerca de 32% do preço total.

5 Plano de vendas: sendo a venda efetuada antes da casa construída e dando-se o prazo de 12 meses para entrega, obtemos duas vantagens: uma para o comprador, outra para o investidor.

A vantagem do comprador é a de se evitar uma entrada pesada, pois as importâncias pagas, durante o ano de construção, acumulam uma entrada de R$ 38.900,00.

A vantagem do investidor é ter a construção financiada pelo próprio comprador, já que as parcelas que acumulam os R$ 38.900,00 cobrem as despesas de construção e de corretagem. Essa vantagem do investidor torna-se também do comprador porque, não havendo empate de capital maior por parte do investidor, não haverá também o correspondente acréscimo no preço referente à correção monetária.

O preço total de R$ 85.917,54 já inclui correção monetária para o prazo de 3 anos após a entrega das chaves, ou seja, 4 anos no total.

Caso os pagamentos após a entrega sejam acrescidos de juros de 1% pela tabela Price, poderá figurar um preço total menor, portanto mais convidativo, já que o preço de R$ 85.917,54 poderá ser obtido pelo acréscimo dos juros referidos.

Conclusão: reconhecemos que este empreendimento tem diversas falhas e a principal delas é o método obsoleto da construção.

Realmente os processos tradicionais são incompatíveis com o progresso tecnológico de nossa época, porém, infelizmente, são ainda os mais econômicos.

Aguardamos que os processos de pré-fabricação vençam em preço os métodos tradicionais. Caberá aos industriais empreenderem uma luta nesse sentido, pois, até o momento, todas as tentativas têm falhado no ponto principal: uma construção pré-fabricada resulta sempre mais cara.

***MEMORIAL DESCRITIVO PARA CONSTRUÇÃO DE GRUPO DE SOBRADOS POPULARES CONFORME PLANTAS ANEXAS**

1 Fundações executadas com alicerces comuns, com abertura de valas na profundidade média de 0,5 m; camada de concreto com 8 cm de espessura com 2 ferros de 3/8" ao longo; para reforço serão perfuradas e concretadas 12 brocas para cada par de casas, com profundidade de 4 m e diâmetro de 20 cm, com 2 ferros de 3/8".

No respaldo dos alicerces, haverá camada de impermeabilização com o tipo Vedacit ou similar.

2 Alvenaria com tijolos comuns assentes com argamassa de cal e areia, obedecendo às plantas gerais.

3 Laje treliçada pré-fabricada para piso.

4 Forro de estuque em toda a área interna do corpo principal e dependências; os beirais não serão revestidos.

5 Telhado com telhas de barro tipo francesa ou tipo conjugado, sobre madeiramento de peroba. A forma do telhado aparece na fachada anexa.

6 Revestimento: massa grossa e fina em todos os forros e em todas as paredes, tanto internas como externas, com exceção dos locais onde forem aplicados azulejos e nos muros, que serão revestidos com azulejos populares brancos até a altura de 1,5 m sem faixa de acabamento superior, e sobre o tanque haverá 2 fiadas de azulejos do mesmo tipo. O WC das dependências terá barra lisa impermeável até 1,5 m.

7 Pisos: tacos de peroba populares na sala, dormitórios, corredor superior, armário sob a escada e dormitório das dependências. Ladrilhos de cerâmica vermelha (populares) retangulares 7,5 cm x 15 cm na cozinha, banheiro, tanque e WC das dependências. Cimentado no quintal e jardins, construindo uma faixa de 0,7 m em volta de toda a área construída; uma faixa de 0,7 m ligando a cozinha com as dependências; no jardim, duas faixas de 0,7 m, para entrada de automóvel. Na calçada da rua, a faixa será também de 0,7 m, acompanhando a frente. Granilito na escada, tanto nos degraus como espelhos e rodapés (cor creme-claro). Os rodapés dos pisos com tacos serão de peroba de 7 cm x 1,5 cm. Os rodapés dos pisos de cerâmica serão do próprio ladrilho.

8 Aparelhos sanitários: no banheiro, louça popular branca, bacia com tampa esmaltada (descarga com válvula tipo Hidra), bidê sem ducha e lavatório sem coluna. Na cozinha: pia branca nº 1 em mesa de granilito de 1,2 m x 0,6 m e pedra de granilito para filtro. Na edícula: bacia branca popular com tampa esmaltada, caixa de descarga de plástico e tanque de cimento com 0,7 m x 0,7 m. No forro: depósito para água, de concreto, para 750 litros. No banheiro e no WC, serão deixados pontos para chuveiros elétricos que, no entanto, não serão fornecidos (correrão por conta do comprador).

9 Instalação hidráulica: só para água fria; do cavalete, a entrada alimentará um ponto de torneira no jardim, tanque, WC, cozinha e depósito no forro. Do depósito sairá alimentação para os aparelhos

no banheiro: chuveiro, bacia, bidê e lavatório. A tubulação poderá ser de ferro galvanizado, ou de plástico com conexões de rosca ou conexões colocadas (plástico marrom), de acordo com conveniência na época. Toda tubulação de entrada e distribuição será de 3/4", com exceção da alimentação da válvula de descarga, que será de 1 1/2". Esgoto: em manilhas de barro vidrado de 3" nos ramais e de 4" no tronco. Haverá duas caixas de inspeção. Águas pluviais: não haverá colocação de calhas nem condutores. As ligações de água e de esgoto correrão por conta dos compradores; nos lugares em que não houver esgoto do Serviço Público, os compradores deverão comprar fossa séptica no devido tempo e enviá-las às obras para colocação antes do piso; a mão de obra de colocação correrá por conta dos compradores.

10 Instalação elétrica: pontos de luz em sala, *hall* inferior, armário sob a escada, cozinha, ponto externo sobre a porta de entrada, WC, tanque, dormitório de empregada, dois dormitórios, *hall* superior e banheiros (serão 12 pontos ao todo); tomadas: duas na sala, uma na cozinha, uma em cada dormitório, uma no banheiro, uma no dormitório de empregada (serão 7 tomadas ao todo); dois pontos para chuveiro elétrico; tubulação de conduítes leves e fios isolados; caixa de distribuição e relógio na sala; entrada aérea sem poste de alinhamento; espelhos, interruptores e tomadas de plástico, marfim ou marrom. Não serão fornecidos aparelhos de iluminação nem chuveiros elétricos.

11 Esquadrias de madeiras: porta de entrada em cedro, reforçada, sem postigo; ferragens, fechadura tipo Yale, dobradiças de 3 1/2".

Porta de saída da cozinha: em almofadas rebaixadas, fechadura comum. Demais portas em pinho, uma almofada lisa e fechaduras comuns. A porta de ligação sala – cozinha não terá fechadura e sim puxadores e mola tipo "bola"; a porta do armário sob a escada também; a porta do WC terá apenas tarjetas (fecho) por dentro e por fora. Janelas dos dormitórios do corpo principal com vidraças e venezianas de 4 folhas em cedro; ferragens: cremona com varas, dobradiças de 3", levantadores e borboletas; a janela do dormitório de empregada será basculante, de ferro. Portão de madeira, tipo cancela, em duas folhas com fechos para cadeado.

12 Esquadrias de ferro: na sala, caixilho de correr de 1,2 m x 2 m; na cozinha, basculante 0,8 m x 1 m; no banheiro, basculante 0,8 m x 0,8 m; no WC, basculante 0,4 m x 0,6 m. Não serão aplicadas grades de proteção nem gradil de escada (será feita mureta de alvenaria).

13 Vidros: fantasia na cozinha, banheiro e WC; lisos (simples) nas demais janelas.

14 Pintura: caiação em geral em todas as paredes e forros; têmperas nos dormitórios e salas (até altura do forro); óleo nas portas, janelas, portão e madeiramento de beiral.

15 Limpeza geral: raspagem de tacos e limpeza geral de pisos, revestimentos, vidros e aparelhos sanitários. Essa limpeza é compreendida como uma primeira limpeza bruta e não de detalhes, que correrão posteriormente por conta dos compradores.

16 Toda e qualquer modificação correrá por conta do comprador e dependerá de uma prévia autorização do engenheiro construtor. O material de substituição deverá ser enviado às obras em tempo hábil; a modificação de mãos de obra deverá ser previamente combinada com o empreiteiro respectivo e, importante, os materiais não aplicados não reverterão em benefício do comprador, a não ser em casos especiais, dependendo de prévio entendimento.

ORÇAMENTO PARA UMA CASA			
HISTÓRICO		**R$**	**R$ TOTAL**
I – PRELIMINARES			
Prefeitura – aprovação 80,32 m^2 a R$ 2,10 o m^2		168,67	168,67
Barracão de guarda (material e mãos de obra por conta do empreiteiro)			
Vigia de obra (verba por casa, por 12 meses)		4.250,40	4.419,07
II – BROCAS			
12 em cada par de casas, profundidade 4 m, 6 x 4 = 24			
diâmetro = 5 cm x volume = 0,05 m^3/m x volume total = 24 m x 0,05 m^3 = 1,2 m^3			
Pedra	1,2 m^3 a R$ 20,43	24,52	4.443,59
Areia	0,8 m^3 a R$ 25,14	20,11	4.463,70
Cimento	7 sacos a R$ 7,50	52,50	4.516,20
Ferro: diâmetro 3/8"	48 m = 25 kg a R$ 0,75	18,75	4.534,95
III – ALICERCES			
Concreto de base: 43 m com espessura 8 cm, traço 1:3:5;			
volume 43 m x 0,4 m x 0,08 m = 1,4 m^3			
Pedra	1,4 m^3 a R$ 20,43	28,60	4.563,55
Areia	0,9 m^3 a R$ 25,14	22,63	4.586,18
Cimento	7 sacos a R$ 7,50	52,50	4.638,68
Ferro: 2 x 43	86 m de 3/8"= 45 kg a R$ 0,75	33,75	4.672,43
IV – IMPERMEABILIZAÇÃO			
Espessura 1,5 cm; largura 0,5 m;			
volume 43 m x 0,5 m x 0,02 m = 0,5 m^3			
Areia	0,5 m^3 a R$ 25,14	12,57	4.685,00
Cimento	4 sacos a R$ 7,50	30,00	4.715,00
Impermeabilizante	20 kg a R$ 5,00	100,00	4.815,00
V – ALVENARIA			
Parede de um tijolo e meio:	22,6 x 0,5 =	11,3 m^2 x 230 = 2.599	
Parede de um tijolo:	22,6 x 3 =	67,8	
	23,2 x 3=	69,6	
	2 x 3,4 x 1,4/2=	4,8	
	19,8 = 0,5 = 9,9 = 152,1 x 150 =	22.815	
Parede de meio-tijolo:	6,1 x 3 =	18,3	
	13,7 x 3 =	41,1	
	12,2 x 3 = 36,6 = 96 x 80 =	7.680	
	Subtotal de tijolos =	33.094	
	Vãos a descontar =	2.104	
	Total de tijolos 30.990 =	31 milheiros	
Tijolos	31 milheiros a R$ 59,67	1.849,77	6.664,77
Argamassa de assentamento	31 x 0,65 = 20 m^2 – Areia 20 m^3 a R$ 25,14	502,80	7.167,57
Cal hidratada	20 x 180 kg = 3.600 kg a R$ 0,12	432,00	7.599,57
Argamassa de revestimento grosso	335 m^2 0,03 = 10 m^3 – Areia 10 m^3 a R$ 25,14	251,40	7.850,97
Cal hidratada	10 x 180 = 1.800 kg a R$ 0,12	216,00	8.066,97
Massa fina	335 m^2 x 8 kg = 2.680 kg a R$ 0,25	670,00	8.736,97
VI – LAJE (sistema misto)			
Conforme orçamento	37,4 m^2 a R$ 15,00	561,00	9.297,97
Concretagem 3,4 x 11 x 0,04 = 1,5 m^3	Pedra, 1,5 m^3 a R$ 20,43	30,65	9.328,62
	Areia, 1 m^3 a R$ 25,14	25,14	9.353,76
	Cimento, 10 sacos a R$ 7,50	75,00	9.428,76

ORÇAMENTO... (*continuação*)

HISTÓRICO		R$	R$ TOTAL
VII – FORRO DE ESTUQUE – área 37,4 m^2			
Madeiramento	1" x 2" 37,4 x 2,6 = 100 m a R$ 0,37	37,00	9.465,76
Madeiramento	1" x 4" 37,4 x 2,6 = 100 m a R$ 0,73	73,00	9.538,76
Tela	40 m^2 a R$ 0,45	18,00	9.556,76
Argamassa de enchimento, 40 x 0,04 = 1,6 m^3	Areia, 2 m^3 a R$ 25,14	50,28	9.607,04
	Cal, 16 sacos (20 kg) a R$ 2,45	39,20	9.646,24
	Cimento, 4 sacos a R$ 7,50	30,00	9.676,24
VIII – TELHADO			
Beiral de 40 cm; área 45 m^2 + 9 m^2 = 54 m^2			
Madeiramento	54 x 0,022 = 1,2 m^3 a R$ 551,78	662,14	10.338,38
Carpinteiro (incluído na mãos de obra do empreiteiro)			
Telhas	54 x 15 = 810 telhas a R$ 0,36	291,60	10.629,98
Cumeeiras	15 a R$ 0,73	10,95	10.640,93
IX – PREPARAÇÃO DE PISOS 36 m^2 x 0,06 m = 2,2 m^3			
Pedra	2,2 m^3 a R$ 20,43	44,95	10.685,88
Areia	1,5 m^3 a R$ 25,14	37,31	10.723,19
Cimento	11 sacos a R$ 7,50	82,50	10.805,69
X – TACOS DE PEROBA			
Sala: 18,5 m^2; dormitório 1: 10,2 m^2; dormitório 2: = 8,4 m^2; *hall*: 3,9 m^2; quarto de serviço: 3,2 m^2			
Total de tacos	46 m^2 a R$ 25,20	1.159,20	11.964,89
Argamassa de assentamento, 46 x 0,05 = 2,3 m^3	Areia, 2,3 m^3 a R$ 25,14	57,82	12.022,71
	Cimento, 20 sacos a R$ 7,50	150,00	12.172,71
Rodapés e cordões	60 m a R$ 1,57	94,20	12.266,91
XI – LADRILHOS DE CERÂMICA — retangular 7 x 14			
Cozinha: 7,8 m^2; banheiro: 4,2 m^2; WC (tanque): 2,5 m^2			
Total de ladrilhos	14,5 m^2 a R$ 7,36	106,72	12.373,63
Argamassa de assentamento, 12 x 0,05 = 0,6 m^3	Areia, 0,6 m^3 a R$ 25,14	15,08	12.388,71
	Cimento, 5 sacos a R$ 7,50	37,50	12.426,21
XII – CIMENTADO			
(faixa de 0,6 em volta da casa + duas faixas de 0,6 na entrada + lavanderia e WC) total 20 m – volume 20 m^2 x 0,08 m = 1,6 m^3			
Pedra	1,6 m^3 a R$ 20,43	32,69	12.458,89
Areia	1 m^3 a R$ 25,14	25,14	12.484,04
Cimento	10 sacos a R$ 7,50	75,00	12.559,04
XIII – ESCADA DE GRANILITO			
Verba		500,00	13.059,04
XIV – AZULEJOS			
Cozinha: 16,8 m^2; banheiro: 14,1 m^2; WC e tanque: 8 m^2 – total 39 m^2			
Área total	39 m^2 a R$ 5,98	233,22	13.292,26
Massa fina	1.000 kg a R$ 0,09	90,00	13.382,26
Cimento	6 sacos a R$ 7,50	45,00	13.427,26
Cimento branco	39 x 0,5 kg/m^2 ou 20 kg a R$ 0,60	12,00	13.439,26

ORÇAMENTO... (*continuação*)

HISTÓRICO		R$	R$ TOTAL
XV – APARELHOS SANITÁRIOS			
Bacia tampa esmaltada	completa 2 x R$ 60,00	120,00	13.559,26
Lavatório	45 x 59 completo	65,00	13.624,26
Bidê	sem ducha completo	120,00	13.744,26
Mesa de granilito com pia n° 1	1,2 x 0,6 completa	50,00	13.794,26
Tanque de cimento 70 x 70	com torneira e válvula	25,00	13.819,26
Torneira para filtro		35,00	13.854,26
Torneira de jardim		25,00	13.879,26
Registro no banheiro	1 1/2"	20,00	13.899,26
Válvula de descarga		60,00	13.959,26
Registro na cozinha e no chuveiro	2 x R$ 25,00	50,00	14.009,26
Tubos e conexões	verba	600,00	14.609,26
Caixa de 500 litros		60,00	14.669,26
Pedra para filtro		20,00	14.689,26
XVI – INSTALAÇÃO ELÉTRICA			
12 pontos de luz, 7 tomadas e dois pontos para chuveiro elétricos			
Apenas material (mão de obra incluída na empreitada geral)	verba	450,00	15.139,26
XVII – ESQUADRIAS DE MADEIRA			
Porta de entrada	80 x 210 cm	80,00	15.219,26
Porta da cozinha (externa)	70 x 210 cm	80,00	15.299,26
Portas internas	7 x R$ 80,00	560,00	15.859,26
Janelas com venezianas	1,3 x 1 m e 2 x R$ 60,00	120,00	15.979,26
Portão	2,4 x 1 m	150,00	16.129,26
Ferragens:	1 fechadura tipo Yale	60,00	16.189,26
	5 fechaduras comuns a R$ 30,00	150,00	16.339,26
	27 dobradiças de 3 1/2" a R$ 5,00	135,00	16.474,26
	5 tarjetas de fio redondo a R$ 2,00	10,00	16.484,26
	2 pares de levantadores a R$ 3,00	6,00	16.490,26
	2 pares de borboletas a R$ 5,00	10,00	16.500,26
	2 pares de carrancas a R$ 15,00	30,00	16.530,26
	2 cremonas com varas a R$ 30,00	80,00	16.610,26
	12 dobradiças de 3" a R$ 3,00	36,00	16.646,26
	4 dobradiças do embutir (portão) a R$ 10,00	40,00	16.686,26
	2 fechos para portão a R$ 10,00	20,00	16.706,26
XVIII – VIDROS			
Vidros lisos	4,8 m² a R$ 25,00	120,00	16.826,26
Vidros fantasia	1,5 m² a R$ 25,00	37,50	16.863,76
XIX – ESQUADRIAS DE FERRO			
Caixilho da sala	2 x 1,2 m	250,00	17.113,76
Caixilho do cozinha	1 x 0,8 m	200,00	17.313,76
Caixilho dormitório de serviço	0,8 x 0,8 m	100,00	17.413,76
Banheiro	0,8 x 0,8 m	100,00	17.613,76
Caixilho WC	0,6 x 0,4 m	50,00	17.563,76
XX – PINTURA			
Mão de obra incluída na empreitada geral. Caiação em todas as paredes internas e externas e forros, exceto paredes da saia e dormitório e *hall* que serão com têmpera.			
Caiação 300 m²; Têmpera 164 m²; caixilhos 3,5 m²; 9 portas; 2 janelas com venezianas; portão de madeira – Material		1.000,00	18.563,76

ORÇAMENTO... (*continuação*)

Subtotal parcial			18.563,76
XXI — LIMPEZA GERAL			
Incluída na empreitada geral			
XXII — EMPREITADA GERAL			
Pedreiro, encanador, eletricista, carpinteiro, armador, pintor, limpador, taqueiro, ladrilheiro			
Verba	80 m² a R$ 95,00	7.600,00	26.163,76
$\frac{R\$\,31.392,51}{80,32\,m^2} = 390,84$ o m²		subtotal Imprevistos 10% Administração 10%	26.163,76 2.616,37 2.616,37
		Total Geral	**31.392,51**
Observação: no plano de venda, foi adotado o valor de R$ 35.000,00, como custo da construção, por considerar serviços gerais de acabamento externo, tais como: muros, calçadas, rede de água a ser estendida etc.			

PLANO DE VENDA			
CÁLCULO DO PREÇO DE VENDA			
Valor do terreno	Área aproximada: 100 m² a R$ 190,00	19.000,00	
Custo da construção	Conforme orçamento	35.000,00	
Despesa de corretagem	6% sobre o preço, avaliado em R$ 65.000,00	3.900,00	
Lucro		9.750,00	
	Total, sem incluir correção monetária		67.650,00
PLANILHA DE PAGAMENTOS			
1ª FASE – PAGAMENTO DA CONSTRUÇÃO – (1 ANO)			
Cálculo das prestações durante a construção O custo de construção e a despesa de corretagem são financiados pelo próprio comprador, que, no prazo de um ano (prazo de entrega da obra), pagará entre prestações mensais e trimestrais, o total de R$ 38.900,00 (35.000,00 + 3.900,00) nas seguintes parcelas:			
Entrada		10.000,00	
12 prestações mensais de R$ 1.250,00		15.000,00	
3 prestações trimestrais de R$ 2.000,00		6.000,00	
Na entrega das chaves (12 meses)		7.900,00	
	Total – 1ª fase		38.900,00
2ª FASE – PAGAMENTO DO TERRENO E CUSTOS FINANCEIROS – (3 ANOS)			
Cálculo dos pagamentos mensais, incluindo a correção monetária Prazo de pagamento para o saldo em 3 anos, aplicando-se juros e correção monetária de 36% ao ano, a partir do início da obra, sobre o terreno, e a partir da entrega das chaves, sobre o lucro. Cálculo do restante da dívida, após os pagamentos efetuados durante a construção			
Terreno		19.000,00	
Correção monetária de 36% sobre o valor do terreno		6.840,00	
Lucro		9.750,00	
	Total – 2ª fase		35.590,00

Parcelamento			
	Saldo devedor Inicial		35.590,00
Pagamentos durante o 1° ano, 12 parcelas mensais de R$ 1.295,86		15.550,32	
	Saldo de Saldo devedor no final do 1° ano		20.039,68
Correção monetária de 36% sobre o saldo devedor		7.214,26	27.253,94
Pagamentos durante o 2° ano, 12 parcelas mensais de R$ 1.295,86		15.550,32	
	Saldo de Saldo devedor no final do 2° ano		11.703,62
Correção monetária de 36% sobre o saldo devedor		4.213,28	15.810,90
Pagamentos durante o 3° ano, 12 parcelas mensais de R$ 1.295,86			15.550,32
	Saldo de Saldo devedor no final do 3° ano		366,58
Pagamento do saldo devedor		366,58	
RESUMO DOS PAGAMENTOS			
Durante a construção	Entrada	10.000,00	
	Durante o ano de obra, 12 prestações de R$ 1.250,00	15.000,00	
	3 prestações trimestrais de R$ 2.000,00	6.000,00	
	Na entrega das chaves	7.900,00	
	Total até a entrega das chaves		38.900,00
Após a entrega	36 pagamentos mensais de R$ 1.295,86, incluindo juros e correção monetária, acrescentando o saldo devedor residual de R$ 366,58		47.017,54
	TOTAL DOS PAGAMENTOS		85.917,54

LISTA GERAL DE MADEIRAMENTO (para ser usada com a folha 5 – telhado)			
Vigas de peroba 1 x 16			
12 de 3,7 m 4 de 5 m 3 de 5,1 m 3 de 4,7 m 3 de 1,6 m 5 de 4 m	4 de 5 m 3 de 4,2 m 2 de 4,3 m 2 de 3,5 m 1 de 2,8 m 2 de 3,9 m	2 de 3,6 m 2 de 1,5 m 1 de 4,3 m 1 de 4,1 m 1 de 1,6 m 1 de 5 m	5 de 3,8 m 3 de 3,5 m 1 de 1,8 m 1 de 3,8 m 1 de 3,5 m 1 de 1,5 m
Vigas de peroba 6 x 12			
3 de 2,3 m 1 de 2 m	1 de 2,2 m	2 de 4 m	2 de 2 m
Caibros de peroba 5 x 6			
32 de 4,3 m 34 de 2,2 m	15 de 4,3 m 6 de 4 m	32 de 2,8 m 16 de 3,1 m	11 de 3,5 m 18 de 2,6 m
Ripas			
	13,5 dúzias +	3,5 dúzias =	17 dúzias
DEFINITIVA E ORDENADA PELO COMPRIMENTOS			0,06 x 0,16 = 0,0096
Vigas de peroba 6 x 16			$\sum$ dos comprimentos = 242,7 m
3 de 5,1 m 3 de 4,7 m 12 de 3,7 m 1 de 4,1 m	5 de 4 m 6 de 3,8 m 3 de 1,5 m 6 de 3,5 m	1 de 2,8 m 4 de 1,6 m 3 de 4,2 m	9 de 5 m 3 de 4,3 m 2 de 3,6 m

Vigas de peroba 6 x 12		∑ dos comprimentos = 23,1 m	
2 de 4 m	1 de 2,2 m	3 de 2,3 m	3 de 2 m
Caibros de peroba 5 x 6		∑ dos comprimentos = 525 m	
47 de 4,3 m 2 de 2,8 m	16 de 3,1 m 11 de 3,5 m	4 de 2,2 m 18 de 2,6 m	6 de 4 m
Ripas de peroba 1 x 5			
17 dúzias na base de 4,4 m		∑ comprimento = 17 x 12 x 4,4 = 897,6 m	
Metragem cúbica total			
242,7 m x 0,0096 m² = 2,3299 23,1 m x 0,0072 m² = 0,1663 525,4 m x 0,0030 m² = 1,5762 897,6 m x 0,0005 m² = 0,4488 4,5212 m²		Área total do telhado = 174,57 m + 34,4 m = 220,07 m² $\text{Coeficiente} = \frac{4,5212}{220,07} = 0,0205\ m^3/m^2$	

Desenhos que acompanham este volume

As plantas de 1 a 7 referem-se à obra que se encontra no orçamento detalhado nas páginas 61 a 114 e compõem-se de: planta a ser submetida à Prefeitura para aprovação e obtenção de alvará (planta 1); planta da obra do corpo principal e da edícula (plantas 2 e 3); segunda alternativa para fachada (planta 4); planta detalhada do telhado (madeiramento) (planta 5); detalhes de esquadrias de ferro (planta 6) e detalhes de esquadrias de madeira (planta 7).

As plantas 8 e 9 referem-se ao projeto de casa populares, comentado nas páginas 115 a 118.

A planta 10 diz respeito ao projeto de residência de nível médio para terreno de 10 m de frente e cerca de 24 m da frente aos fundos. O projeto é de sobrado com 3 dormitórios, sendo 1 apartamento; área total construída de 213 m^2, incluindo edícula.

A planta 11 também é de um projeto residencial médio, porém para terreno menor (8 m × 22 m). Possui 3 dormitórios, sendo 1 apartamento; área total construída de 168 m^2, incluindo edícula.

A planta 12 é de um projeto de casa de campo térrea ou mesmo de zona urbana, porém sem limitação de largura de frente; área total construída de 153 m^2.

PLANTAS À DISPOSIÇÃO NA INTERNET

Nas páginas 129 a 140 deste livro, encontram-se as 12 plantas de construção impressas, cada uma com seu *link* correspondente.

Gerenciamento de Obras

Na década de 1960/1970, começou a ser usual nos EUA, a figura do Gerenciador de Obras.

Essa nova figura era usada nas grandes corporações, que não tinham como objetivo a construção civil, para representá-la junto aos contratados, representando o cliente, e tornando-se seu departamento de obras, na fiscalização física e financeira do empreendimento.

No final dos nos 1970, este modelo começou a ser usado em grandes obras, principalmente públicas, em que o estado contratava uma empresa para representá-lo.

Este procedimento começou espalhar-se pela iniciatva privada no início dos anos 1990, com o início do modelo de tercerização das empresas, em que as grandes corporações e industrias reduziam seus departamentos técnicos ao nível de Gerência, e contratavam toda a equipe que seria sua equipe de engenharia para aquela obra.

Com isso, as cadeias de supermercados, lojas de atacado, bancos e empresas em geral, que não tinham como objetivo a construção civil, começaram a contratar profissionais especializados em gestão que montavam equipes e representavam o cliente nas diversas obras, desde hipermercados até reforma de agências de bancos.

Atualmente, a figura do Gerenciamento de Obras esta muito generalizada, sendo aplicada desde o engenheiro que constrói uma casa, uma loja etc., desde que ele não tenha empresa de mão de obra, usa-se o termo que é o Gerenciador, o que de fato o é, mas fugindo do modelo inicial, em que a figura do Gerenciador de Obras era uma equipe de profissionais especializados em gestão e planejamento, dedicados a ser o departamento de engenharia do cliente.

As principais funções do escopo de uma empresa de Gerenciamento de Obras são:

COORDENAÇÃO DE PROJETOS

- Acompanhamento e supervisão na elaboração de todos os projetos.
- Análise das soluções propostas, quanto à exequibilidade, aos custos e prazos de execução.
- Análise das interfaces entre todos os Projetos Complementares (Arquitetura, Fundação, Estrutura, Elétrica, Hidráulica, Ar Condicionado, Combate a Incêndio, Pavimentação, Paisagismo etc.), verificando interferências e atuando junto aos projetistas em busca de soluções.
- Análise dos Memoriais Descritivos e planilhas de serviços.
- Análise quanto à suficiência de informações sob o ponto de vista construtivo.
- Interfaces Cliente/Projetistas, quanto às especificações de materiais.
- Acompanhamento e controle das Revisões de projetos, mantendo registro atualizado das mesmas.
- Acompanhamento e monitoramento de cronogramas (físico/financeiro).
- Acompanhamento e monitoramento, junto aos Projetistas, da tramitação dos processos legais: ART's dos Projetistas (Arquitetura, Fundação, Estrutura, Elétrica, Hidráulica, Ar Condicionado, Combate a Incêndio, Pavimentação etc.).

- Acompanhamento da Legalização da obra junto aos Órgãos Públicos e Concessionárias.
- Emissão e encaminhamento de relatórios quinzenais, informando o Cliente sobre o andamento dos serviços.
- Acompanhamento e diligenciamento de todas e quaisquer correções necessárias ou solicitadas pelo Cliente.
- Realização, caso necessário, de concorrência e acompanhamento de Projetos Complementares e/ou Consultoria Técnica especializada, com prévia do Cliente.
- Interface entre o Cliente e os Projetistas no sentido de atender às necessidades de cada área específica.
- Programação geral dos trabalhos.
- Coordenação junto aos Projetistas da montagem final do pacote de documentos referentes ao Projeto Executivo, assegurando a presença de todas as informações necessárias às licitações de serviços, materiais e equipamentos.

Gerenciamento de Obras

Para a execução do Gerenciamento de Obras, é elaborado um plano em que se desenvolve um Planejamento Pré-Obra e um acompanhamento da obra propriamente dito com a aferição do Planejamento proposto, adequando a realidade do desenvolvimento do processo, mas tendo sempre em meta as premissas do Cliente.

Planejamento e Controle

- Definir com o cliente melhor método de contratação.
- Assessorar o cliente na montagem de Minuta de Contratos.
- Elaboração do planejamento físico do empreendimento.
- Definição das metas de controle e acompanhamento, detectando os desvios e sugerindo alternativas para recuperação de eventuais atrasos.
- Otimização de prazos e custos.
- Promover e dirigir reuniões periódicas com a Empreiteira.
- Promover reuniões periódicas entre as empresas projetistas para esclarecimento de dúvidas.
- Promover reuniões, para tomada de decisões, com o Cliente, à medida que se tornarem necessárias.
- Elaborar relatórios mensais de progresso, com gráficos elucidativos, para aferição da posição física da obra.
- Organizar e manter arquivo de controle de desenhos e documentação, garantindo sua distribuição coerente e cronológica.
- Administração dos contratos da Empreiteira e fornecedores dentro das rotinas preestabelecidas, verificando saldos contratuais e prazos.
- Análise dos custos dos serviços extras.

FASES

Fiscalização e acompanhamento de obras

- Manter um engenheiro residente na obra em contato permanente com o engenheiro residente da contratante.
- Acompanhamento do cronograma elaborado em comum acordo com a construtora contratada e demais empresas envolvidas, efetuando as adequações, compatibilizações e propondo medidas preventivas ou corretivas, sempre que necessário.
- Acompanhamento e controle de cronograma.
- Controle da qualidade dos materiais e serviços em todas as fases de execução, propondo medidas preventivas ou corretivas, sempre que necessário.
- Verificação da compatibilidade dos serviços executados com os projetos e especificações em Memorial Descritivo.
- Acompanhamento no recebimento, conferência e armazenamento de materiais e equipamentos fornecidos pelo contratante.
- Acompanhamento dos testes e ensaios necessários com análises dos laudos e parecer conclusivo.
- Administração de contratos e controle financeiro da obra e dos demais fornecedores.
- Conferência e liberação (após aprovação pelo contratante) de serviços e medições.
- Realização de reuniões periódicas na obra, com participação de todos os envolvidos no processo, emissão de ata e encaminhamento de cópia a todos os participantes e interessados.
- Elaboração de relatório mensal, constando fatos e ocorrências relevantes e comentários gerais.
- Recebimento provisório e definitivo dos serviços.
- Acompanhamento dos processos de aprovações nos órgãos públicos.
- Verificação e encaminhamento ao Cliente das faturas da Construtora, Projetistas e demais fornecedores, segundo os prazos e rotinas preestabelecidas.
- Organização dos documentos e arquivos técnicos da obra, mantendo-os atualizados.
- Supervisão de Segurança e Medicina do Trabalho.
- Verificação permanente do cumprimento das obrigações dos contratados e do cliente, alertando sempre, com a devida antecedência, para que sejam tomadas as providências necessárias.
- Manutenção na obra de toda a documentação legal necessária para seu perfeito andamento.
- Acompanhamento de todas as providências, junto ao contratado e ao Órgão Público responsável, até a solução definitiva do caso, na eventualidade de emissão de auto de infração.

- Elaboração de *Checklist* de recebimento das obras/serviços, contendo prazo para término das pendências (se houver) e solicitação de Termos de Garantia.

Recebimento definitivo/emissão de *As Built*

- Emissão do Termo de Recebimento da Obra.
- Atuação junto à Construtora/Projetistas na elaboração do *As Built* de todos os projetos, que deverão ser apresentados até 30 dias após o término da obra na forma de CD, devidamente identificados, anexos à relação de arquivos por CD, contendo todos os desenhos (*software* AutoCad), planilhas e memoriais (*software* Microsoft Excel e Word *for* Windows).
- Elaboração do relatório final, contendo todas as informações da obra, com fotos, documentação legal, garantias de equipamentos e máquinas. Este relatório deverá conter, além das informações sobre a obra, o desempenho da Construtora e outros fornecedores no decorrer da obra, em relação a prazo, suficiência de recursos e qualidade de serviços.
- Liberação junto aos órgãos públicos envolvidos.

Como pôde ser visto pelo escopo do Gerenciamento de Obras, básico, não é um trabalho que pode ser aplicado em pequenas obras, pois demanda diversos profissionais, que não pode ser suportado por uma pequena obra, mas por obras de porte médio ou grupos de obras pequenas.

Os modelos de Gerenciamento de Obras são amplos e merecem mais que um capítulo para apresentação de modelos, planilhas, programas de computador, contratos e modelos de controles.

Plantas ilustrativas

Nas páginas seguintes, encontram-se as plantas ilustrativas sobre o texto desta obra. No livro, as plantas estão reduzidas para o formato gráfico da obra. Porém, no site da Editora Blucher, o leitor encontrará as plantas geradas em AutoCad, assim como em .pdf, em seu tamanho natural. O leitor poderá imprimir as plantas em seu tamanho natural (A2), assim como interferir nos arquivos, usando-os como bases para novos projetos. O link para acessar as plantas é

www.blucher.com.br/praticas2.

Planta 1 — **Planta de prefeitura**
Link — <www.blucher.com.br/praticas2>

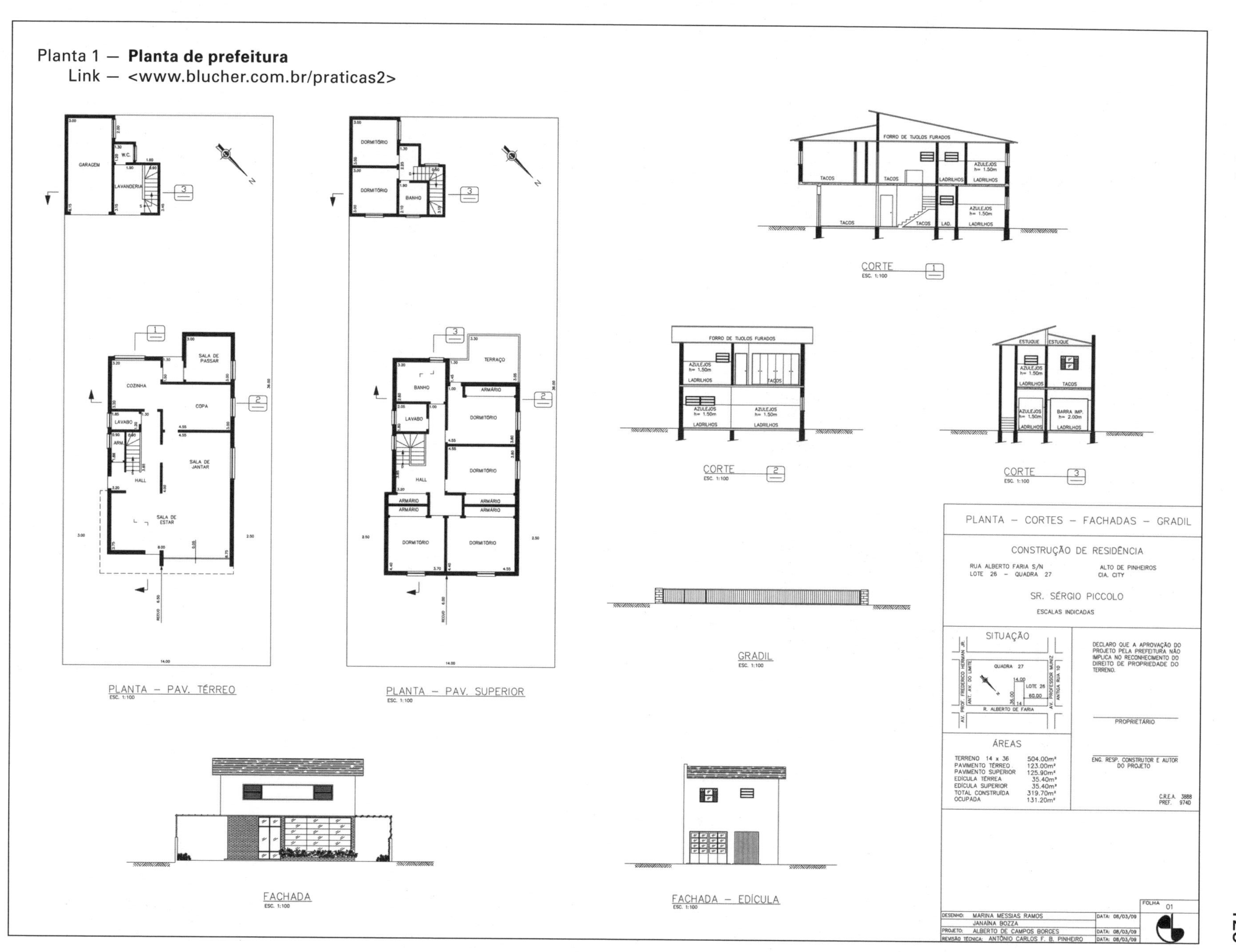

Planta 2 — **Planta baixa – corpo principal**

Link — <www.blucher.com.br/praticas2>

SALA DE COSTURA

COZINHA

COPA

LAVABO

HALL INFERIOR

SALA DE JANTAR

SALA DE ESTAR

PLANTA BAIXA – CORPO PRINCIPAL

PAVIMENTO TÉRREO

ESC. 1:50

TERRAÇO

BANHO

BANHO

DORMITÓRIO 4

DORMITÓRIO 3

HALL SUPERIOR

DORMITÓRIO 1

DORMITÓRIO 2

PLANTA BAIXA – CORPO PRINCIPAL

PAVIMENTO SUPERIOR

ESC. 1:50

LEGENDA

N — No. DO VÃO P/ IDENTIFICAR NA PLANTA DE DETALHES DE ESQUADRIAS

PONTOS DE LUZ

TOMADA BAIXA

TOMADA ALTA

TELEFONE

INTERRUPTORES

CORPO PRINCIPAL PLANTA BAIXA		
DESENHO: MARINA MESSIAS RAMOS JANAÍNA BOZZA	DATA: 08/03/09	FOLHA 02
PROJETO: ALBERTO DE CAMPOS BORGES	DATA: 08/03/09	ESCALA INDICADA
REVISÃO TÉCNICA: ANTÔNIO CARLOS F.B. PINHEIRO	DATA: 08/03/09	

Planta 3 — **Planta baixa – edícula**
Link — <www.blucher.com.br/praticas2>

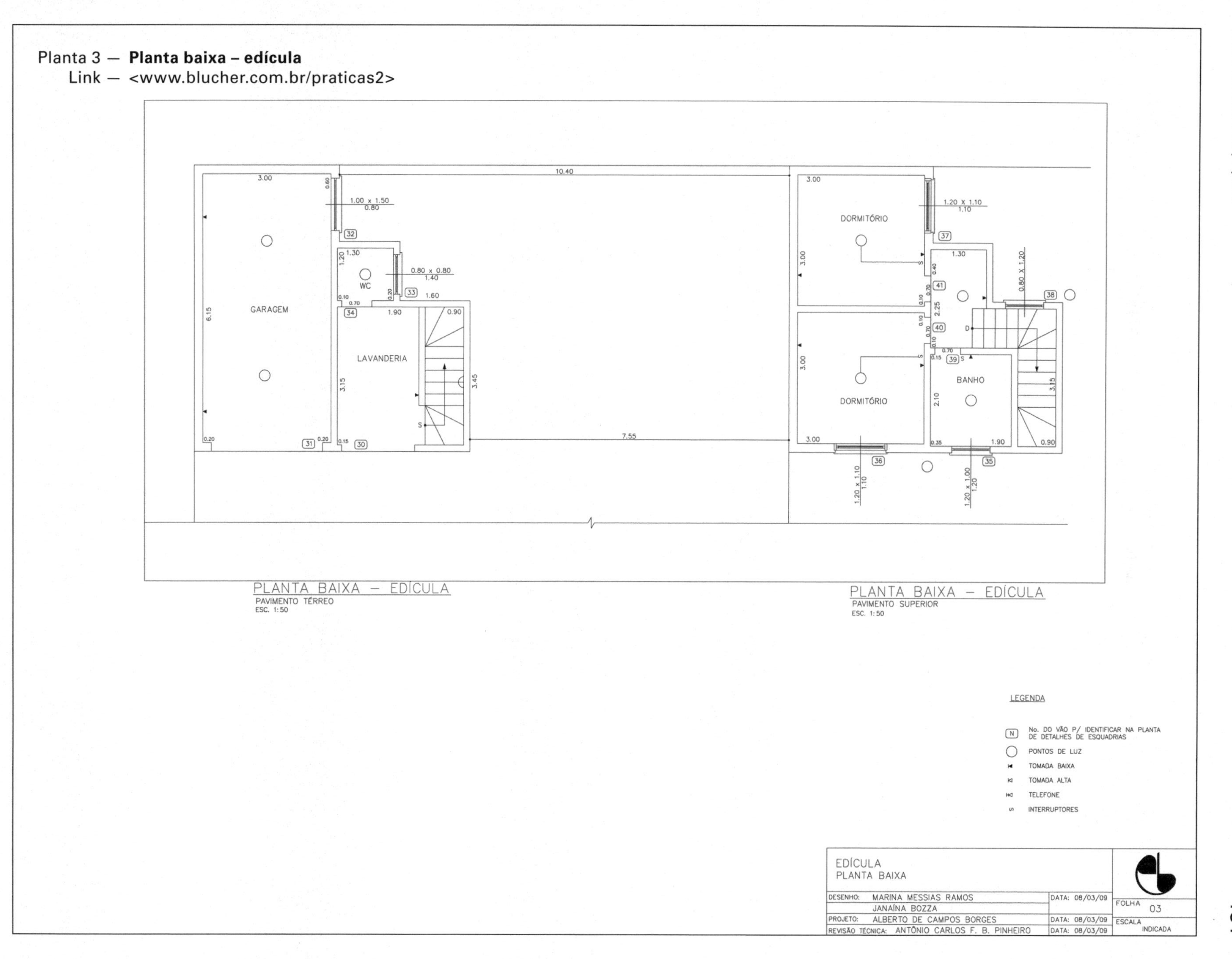

Planta 4 – **Fachada – alternativa**
Link – <www.blucher.com.br/praticas2>

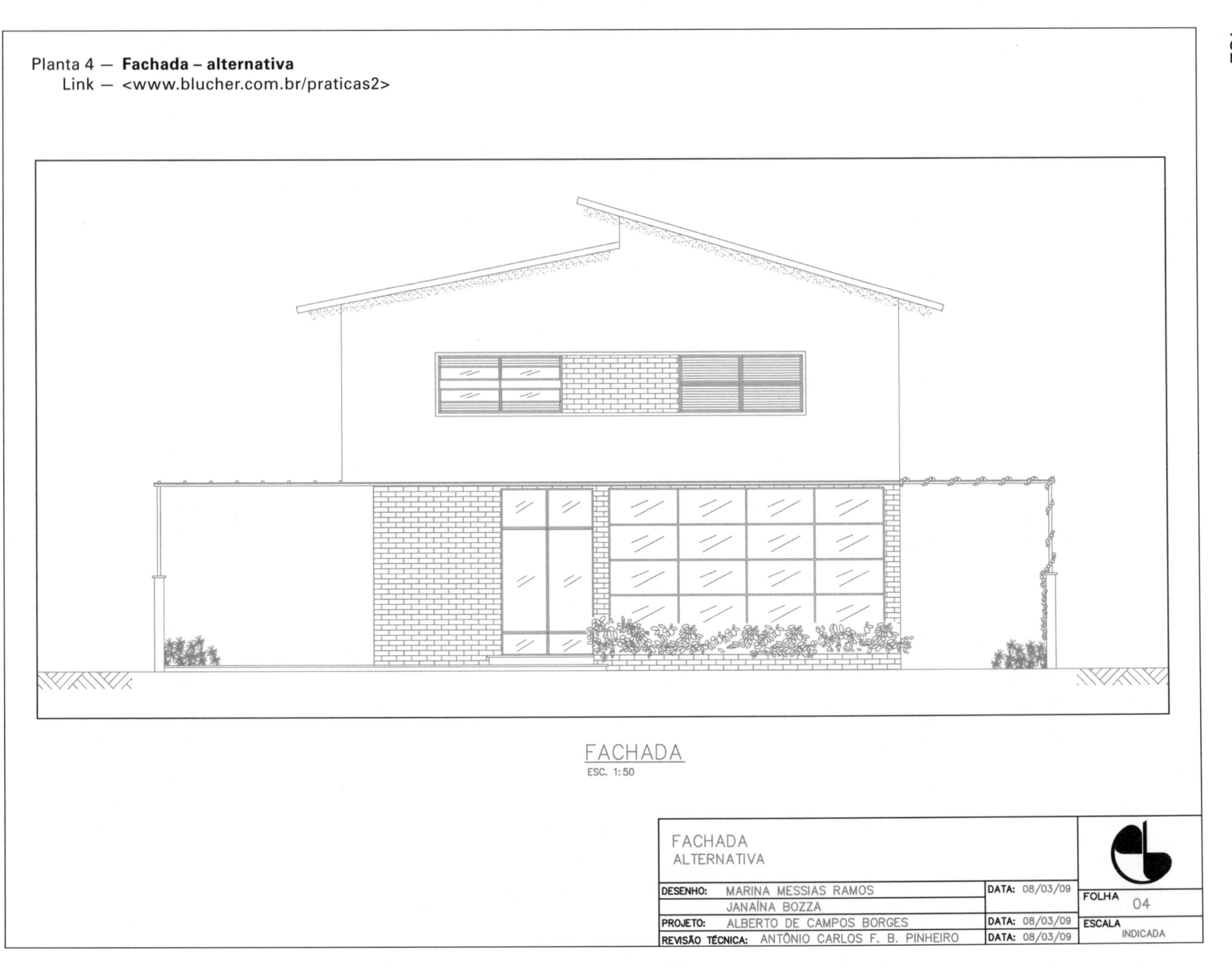

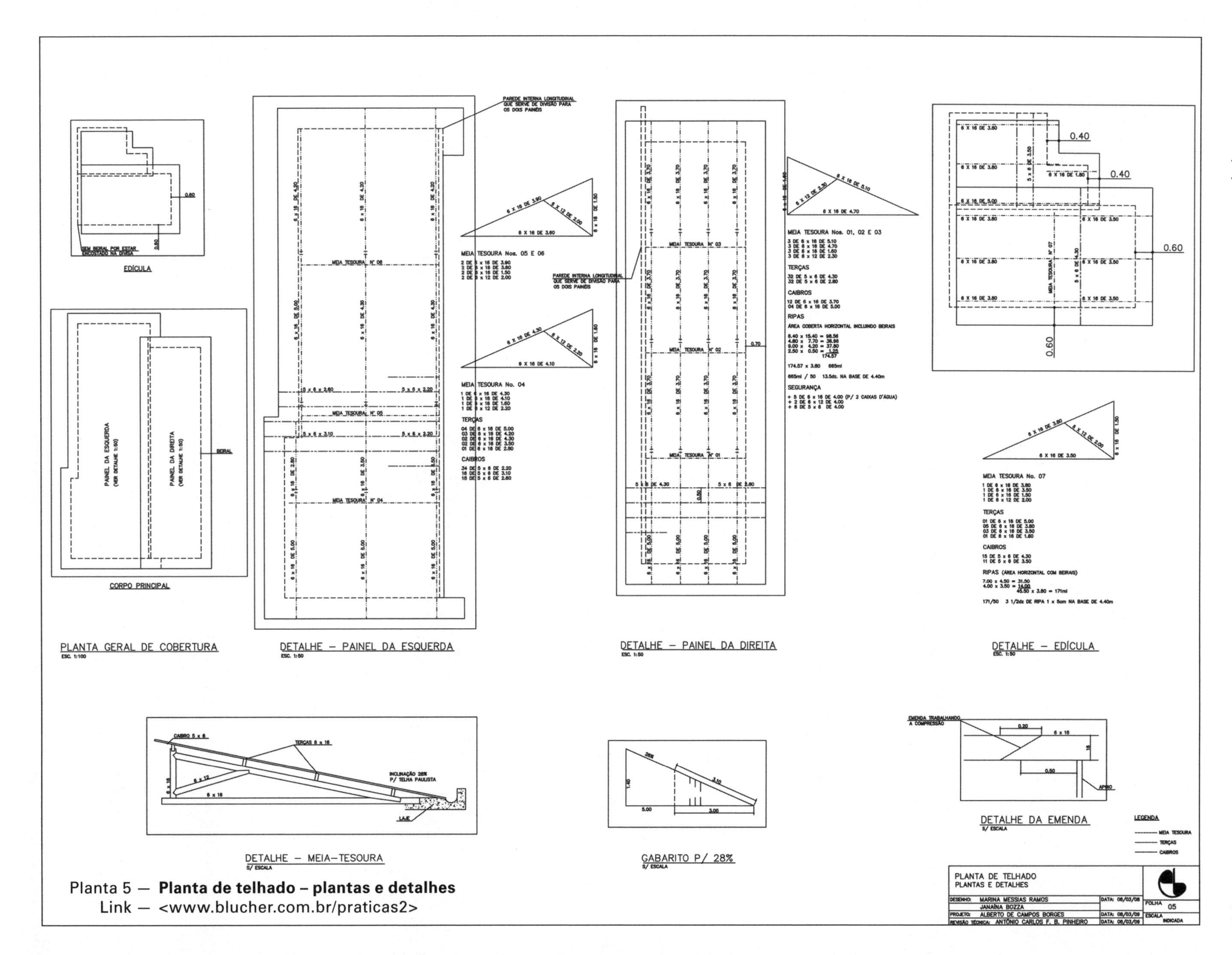

Planta 5 – **Planta de telhado – plantas e detalhes**
Link – <www.blucher.com.br/praticas2>

Planta 6 — **Detalhes de esquadrias de ferro**
Link — <www.blucher.com.br/praticas2>

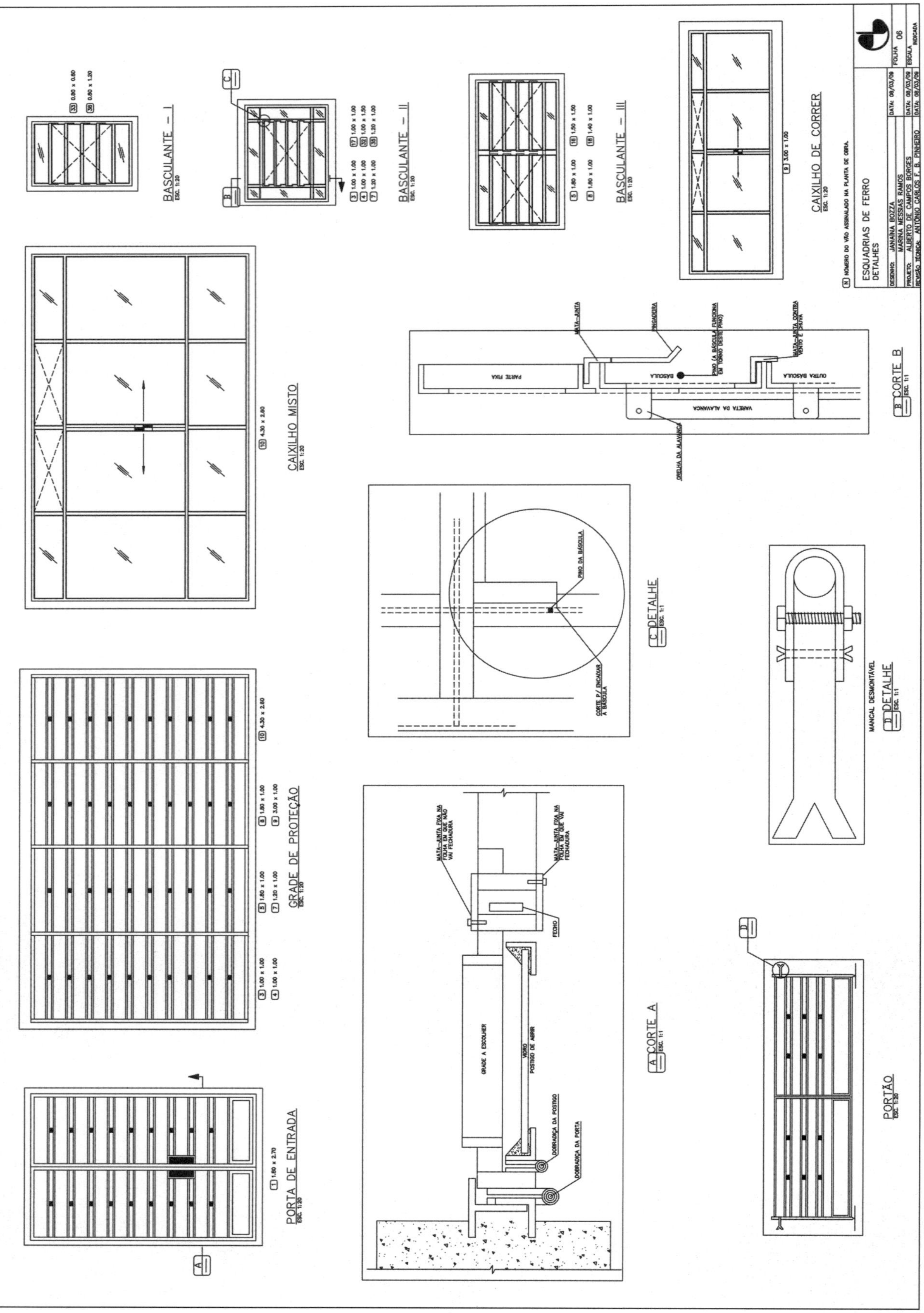

1 1.80 x 2.70
PORTA DE ENTRADA
ESC. 1:20

3 1.00 x 1.00
4 1.00 x 1.00
5 1.80 x 1.00
7 1.20 x 1.00
8 1.80 x 1.00
9 3.00 x 1.00
10 4.30 x 2.80
GRADE DE PROTEÇÃO
ESC. 1:20

10 4.30 x 2.80
CAIXILHO MISTO
ESC. 1:20

33 0.80 x 0.60
38 0.80 x 1.20
BASCULANTE – I
ESC. 1:20

3 1.00 x 1.00
4 1.00 x 1.00
7 1.20 x 1.00
17 1.00 x 1.00
32 1.00 x 1.50
35 1.20 x 1.00
BASCULANTE – II
ESC. 1:20

5 1.80 x 1.00
8 1.80 x 1.00
16 1.50 x 1.50
18 1.40 x 1.00
BASCULANTE – III
ESC. 1:20

GRADE A ESCOLHER
VIDRO
POSTIGO DE ABRIR
MATA-JUNTA FIXA NA FOLHA EM QUE NÃO VAI FECHADURA
MATA-JUNTA FIXA NA FOLHA EM QUE VAI FECHADURA
FECHO
DOBRADIÇA DA POSTIGO
DOBRADIÇA DA PORTA
A CORTE A
ESC. 1:1

CORTE P/ ENCAIXAR A BÁSCULA
PINO DA BÁSCULA
C DETALHE
ESC. 1:1

PARTE FIXA
MATA-JUNTA
PINGADEIRA
BÁSCULA
PINO (A BÁSCULA FUNCIONA EM TORNO DESTE PINO)
ORELHA DA ALAVANCA
VARETA DA ALAVANCA
OUTRA BÁSCULA
MATA-JUNTA CONTRA VENTO E CHUVA
B CORTE B
ESC. 1:1

9 3.00 x 1.00
CAIXILHO DE CORRER
ESC. 1:20

PORTÃO
ESC. 1:20

MANCAL DESMONTÁVEL
D DETALHE
ESC. 1:1

N NÚMERO DO VÃO ASSINALADO NA PLANTA DE OBRA.

ESQUADRIAS DE FERRO
DETALHES
DESENHO: JANAÍNA BOZZA
MARINA MESSIAS RAMOS
PROJETO: ALBERTO DE CAMPOS BORGES
REVISÃO TÉCNICA: ANTÔNIO CARLOS F. B. PINHEIRO
DATA: 08/03/09
DATA: 08/03/09
DATA: 08/03/09
FOLHA 06
ESCALA INDICADA

Planta 7 – **Detalhes de esquadrias de madeira**
Link – <www.blucher.com.br/praticas2>

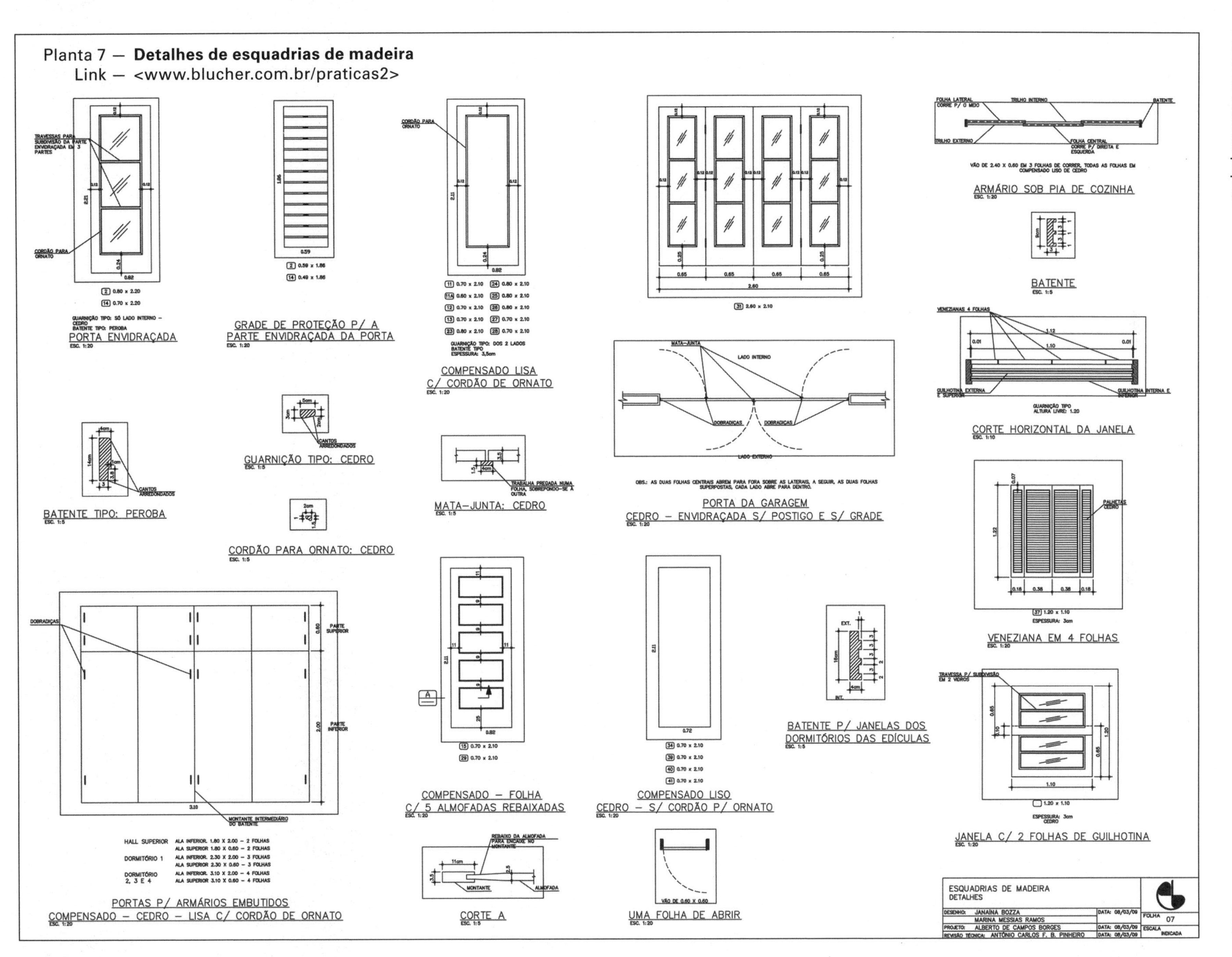

Planta 8 — **Projeto – casas populares**
Link — <www.blucher.com.br/praticas2>

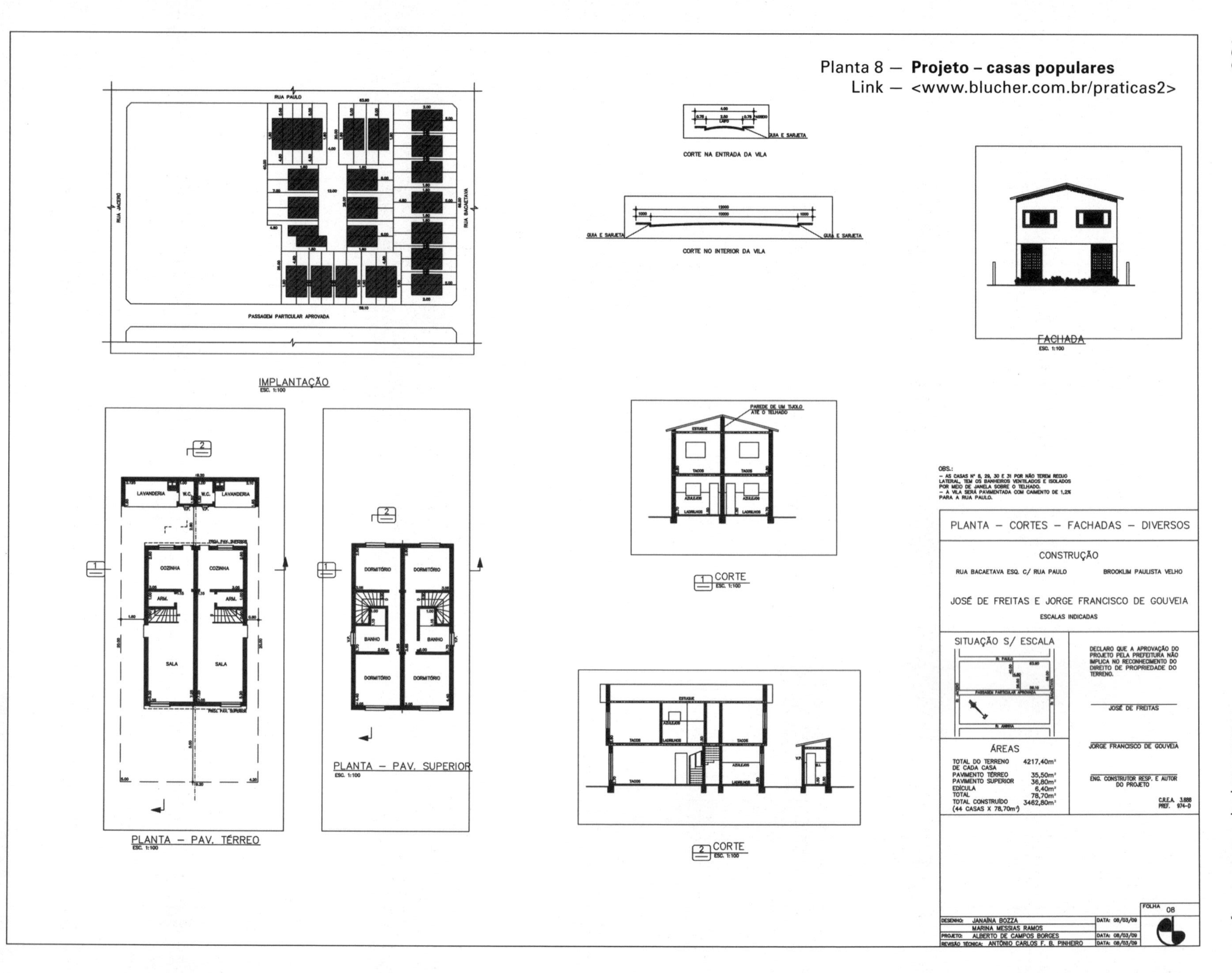

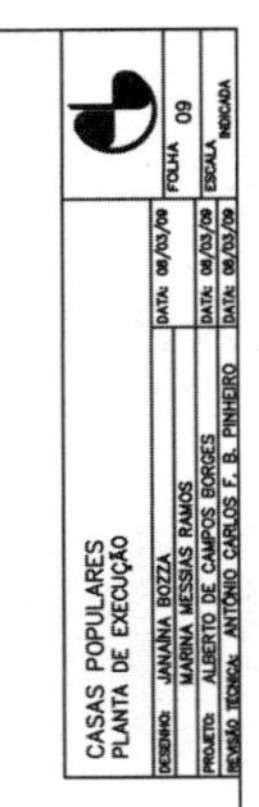

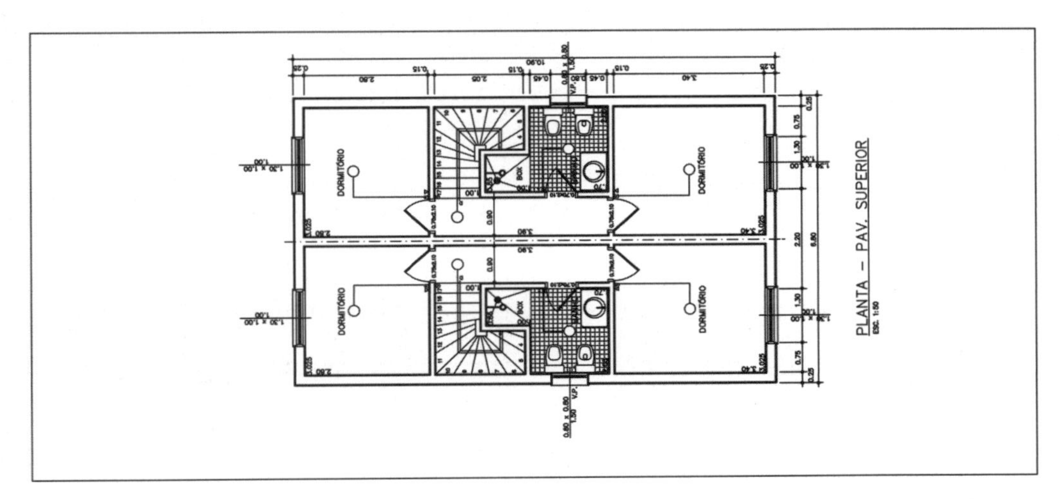

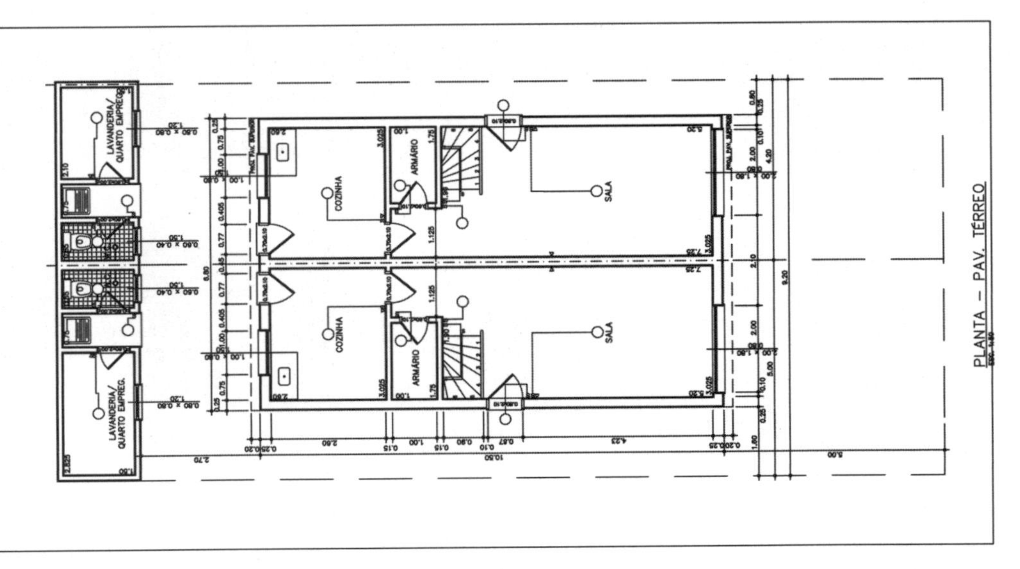

Planta 9 – **Projeto – casas populares**
Link – <www.blucher.com.br/praticas2>

Planta 10 — **Projeto – casa de categoria média**
Link — <www.blucher.com.br/praticas2>

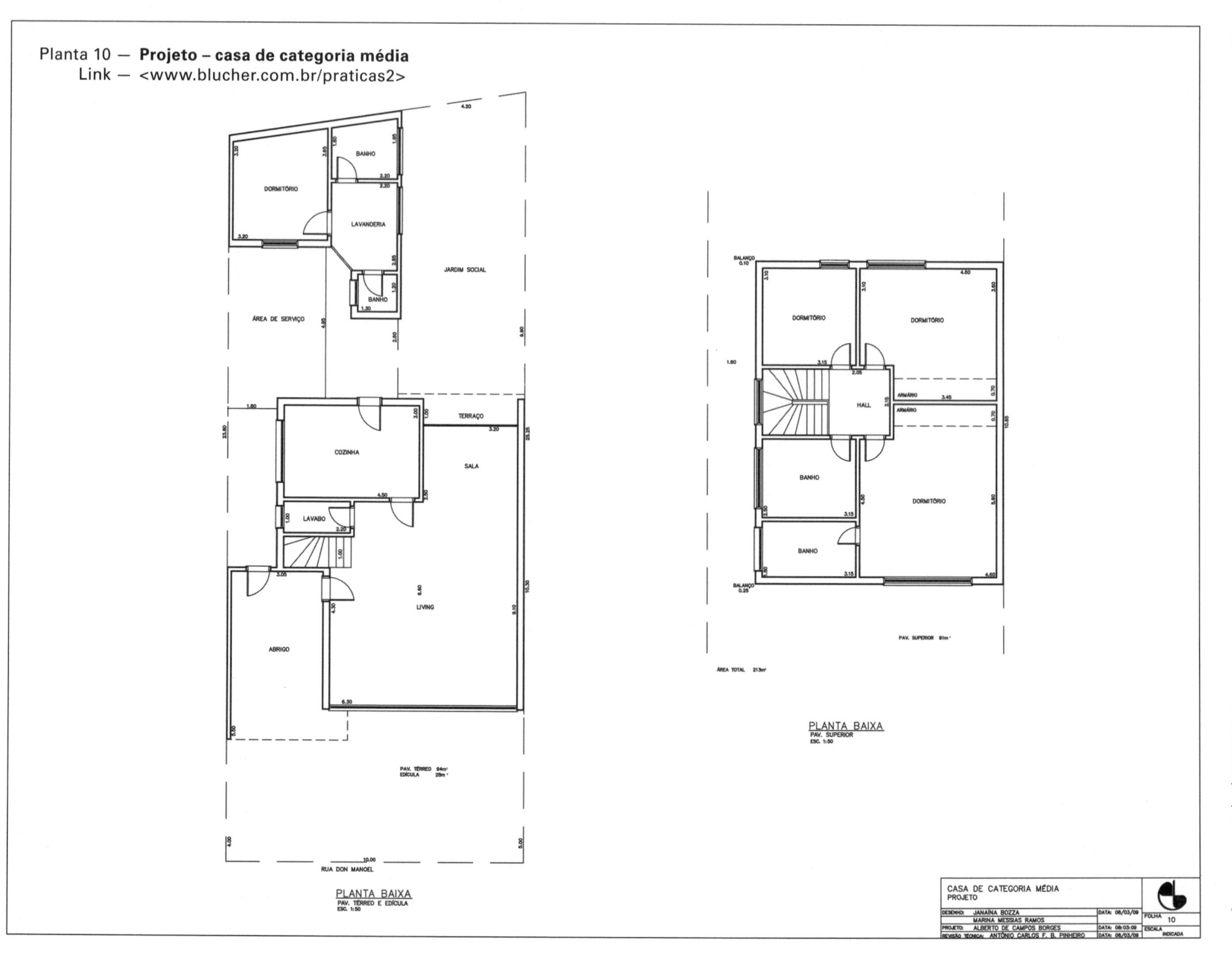

Planta 11 — **Planta baixa – casas de categoria média**
Link — <www.blucher.com.br/praticas2>

Planta 12 — **Projeto – casa de campo**
Link — <www.blucher.com.br/praticas2>

PLANTA

FACHADA

PROJETO PARA CASA DE CAMPO
ESC. 1:50

CASA DE CAMPO
PLANTA E FACHADA

DESENHO: MARINA MESSIAS RAMOS — DATA: 08/03/09
JANAÍNA BOZZA
PROJETO: ALBERTO DE CAMPOS BORGES — DATA: 08/03/09
REVISÃO TÉCNICA: ANTÔNIO CARLOS F. B. PINHEIRO — DATA: 08/03/09
FOLHA 12
ESCALA INDICADA